Illustrator

数字平面设计

主编　谢京茹
参编　朱　花　李　沛　成涛军

中国电力出版社
CHINA ELECTRIC POWER PRESS

内 容 提 要

本书是一本系统讲解平面设计软件的教程，以矢量绘图介绍为主，重点讲述了矢量图形的绘制、上色、字体设计和版面编排等方面的知识。书中除了讲述部分软件绘图的基础知识外，还在章节后面结合理论知识运用部分进行讲解，并配有相关的项目作业练习，以便学生快速掌握知识点，学会灵活运用知识进行设计，培养学生发现问题、分析问题和解决问题的能力，提高学生的学习兴趣。

通过对该教材的学习，读者可以轻松掌握平面设计软件的使用方法，同时能独立完成矢量绘图、字体设计、UI 设计等。本书可供高等院校相关专业的师生和各类培训班的师生学习使用，同时也可供从事广告设计、动画设计、网页设计、多媒体作品设计、界面设计等技术人员自学参考。

图书在版编目（CIP）数据

数字平面设计 / 谢京茹主编. —北京：中国电力出版社，2019.8
ISBN 978-7-5198-3266-7

Ⅰ. ①数… Ⅱ. ①谢… Ⅲ. ①平面设计 - 图形软件 Ⅳ. ① TP391.412

中国版本图书馆 CIP 数据核字（2019）第 109116 号

出版发行：中国电力出版社
地　　址：北京市东城区北京站西街 19 号（邮政编码 100005）
网　　址：http://www.cepp.sgcc.com.cn
策　　划：周　娟
责任编辑：杨淑玲　（010-63412602）
责任校对：黄　蓓　李　楠
装帧设计：张俊霞
责任印制：杨晓东

印　　刷：北京博图彩色印刷有限公司
版　　次：2019 年 8 月第一版
印　　次：2019 年 8 月北京第一次印刷
开　　本：787 毫米 ×1092 毫米　16 开本
印　　张：9.5
字　　数：193 千字
定　　价：58.00 元

前言

笔者所教授的《数字平面设计》课程参与过多次校内外课堂实践教学改革，主要包括“翻转课堂”和“产学研”，被列入 2017 年度上海市重点课程项目。

该门课程教学目标明确，注重学生设计能力的培养，为艺术专业的学科专业必修课程。主要知识点涉及平面设计中的矢量图形绘制和版面设计两大部分，学生在任务的完成过程中，可以对比数字图像处理和数字图形设计两种不同创作工具的特点，综合完成平面类的项目设计，该门课程也为后续动画设计、网页设计、多媒体作品设计、界面设计等专业课程提供设计基础。

教材中的作业练习部分，主要是为了培养学生发现问题、分析问题和解决问题的能力，并提高学生的学习兴趣。在实际教学中，可以配合微课视频，以翻转课堂的形式进行教学实践。教材中的习题部分鼓励学生进行项目调研，可以将学生的注意力从软件的运用转移到对项目自身的设计研究上，相互之间进行探讨，通过小组合作的形式，设计出高质量的团队项目作品。

本教材的特点是除了讲解部分软件绘图的基础知识外，还在章节后面结合了理论知识运用部分进行讲解，并布置了相关的项目作业练习，以便学生快速掌握知识点，学会灵活运用知识进行设计。

编　者

2019 年 6 月

目录

第 1 章　初识数字平面设计软件

教学目标

1. 理解位图、矢量图的基本知识。
2. 了解矢量图和位图的特色及其应用领域。
3. 掌握几种颜色模式，了解图形设计常用的领域。

教学重点和难点

重点：矢量图和位图的区别以及与后续各个课程的关联。

难点：矢量图的具体运用领域。

Illustrator 是 Adobe 公司推出的基于矢量的图形制作软件。它最初是为苹果公司麦金塔电脑设计开发的，于 1987 年 1 月发布。经过 20 多年的发展，Illustrator 已经成为目前最优秀的矢量软件之一，并被广泛地应用于插画、包装、印刷出版、书籍排版、动画和网页制作等领域。下面我们首先对相关的设计概念进行介绍。

1.1　矢量图和位图

位图是由像素组成的，数码相机拍摄的照片、扫描的图像等都属于位图。位图的优点是可以精确地表现颜色的细微过渡，也容易在各种软件之间交换。缺点是占用的存储空间较大，而且受到分辨率的制约，进行缩放时图像的清晰度会下降。例如，图 1-1 为一张照片及放大后的局部细节，可以看到，图像已经变得有些模糊了。

矢量图由矢量的数学对象定义的直线和曲线构成，它最基本的单位是锚点和路径，矢量图占的存储空间非常小，而且它与分辨率无关，任意旋转和缩放图形都会保持清晰、光滑，如图 1-2 所示。矢量图的这种特点非常适合制作图标、Logo 等需要按照不同尺寸使用的对象。常用的位图软件主要有 Photoshop、Painter 等。Illustrator 是矢量图形绘制软件，它也可以处理位图，而且还能够灵活地将位图和矢量图互相转换。矢量图的色彩虽然没有位图细腻，但其独特的美感是位图无法表现的。

图 1-1

图 1-2

1.2 颜色模式

颜色模式决定了用于显示和打印所处理图稿的颜色方法。Illustrator 支持灰度、RGB、HSB、CMYK 和 Web 安全 RGB 模式。执行“窗口 > 颜色”命令，打开“颜色”面板，单击右上角的按钮打开面板菜单，从中可以选择需要的颜色模式，如图 1-3 所示。

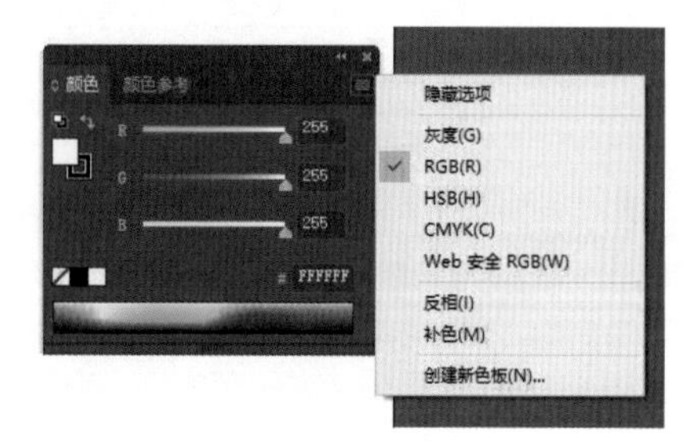

图 1-3

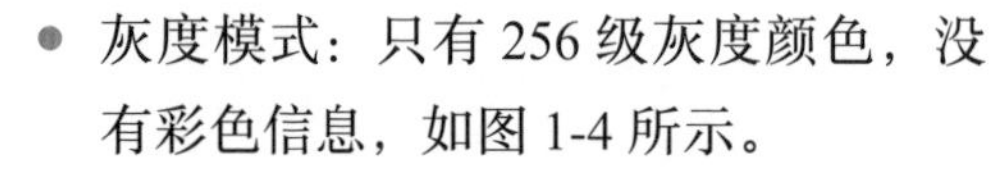

- 灰度模式：只有 256 级灰度颜色，没有彩色信息，如图 1-4 所示。
- RGB 模式：由红（Red）、绿（Green）和蓝（Blue）3 种基本颜色组成，每种颜色都有 256 种不同的亮度值，因此，可以产生约 1670 余万种颜色（256 × 256 × 256），如图 1-5 所示。RGB 模式主要用于屏幕显示，电视、计算机显示器等都采用该模式。

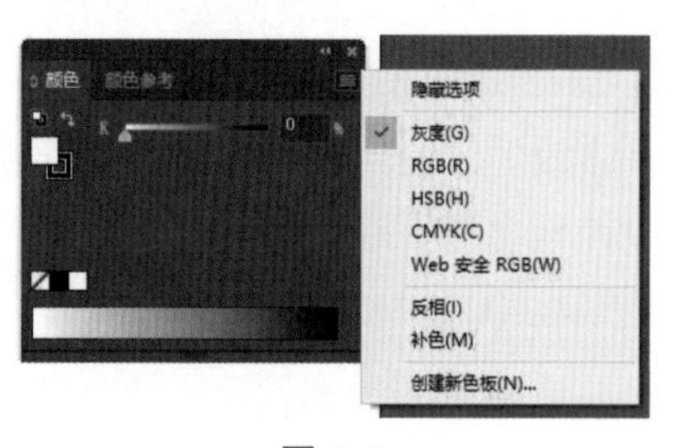

图 1-4

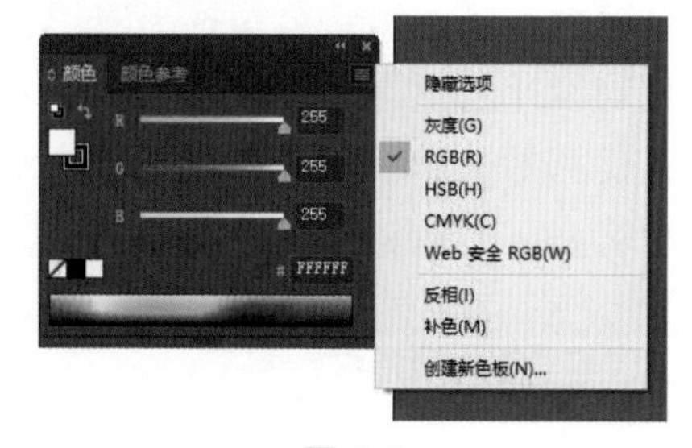

图 1-5

- HSB 模式：利用色相（Hue）、饱和度（Saturation）和亮度（Brightness）来表现色彩。其中 H 用于调整色相；S 可调整颜色的纯度；B 可调整颜色的明暗度。
- CMYK 模式：由青（Cyan）、品红（Magenta）、黄（Yellow）和黑（Black）4 种基本颜色组成，它是一种印刷模式，被广泛应用在印刷的分色处理上。
- Web 安全 RGB 模式：Web 安全色是指能在不同操作系统和不同浏览器之中同时安全显示的 216 种 RGB 颜色。进行网页设计时，需要在该模式下调色。

1.3 领域运用

目前，Illustrator 作为与 Photoshop 齐名的平面设计软件，在很多领域中都有应用。首先是视觉传达类领域，如标志设计、商标设计、CIS 设计、VI 设计（企业形象识别系统设计）、广告设计、广告创意设计、海报、宣传单、样本、宣传册、画册、包装设计、书籍、贺卡、请柬、杂志排版设计等印刷类设计；此外，数字媒体类领域如游戏场景图设计、插画设计、动漫人物塑造、媒体广告画面设计、电影起始画面设计、网页静态画面设计、广告插图设计等数字类设计。

1.4　文件格式

文件格式决定了图稿的存储内容、存储方式，及其是否能够与其他应用程序兼容。在 Illustrator 中编辑图稿时，可以执行“文件 > 存储”命令，将图稿存储为 AI、PDF、EPS 和 SVG 4 种基本格式，如图 1-6 所示。

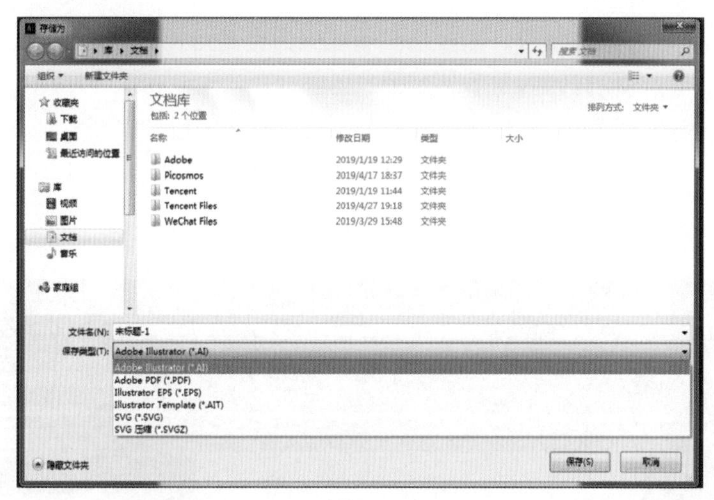

图 1-6

如果要将文件用于其他矢量软件，可以将其保存为 AI 或 EPS 格式，它们能够保留 Illustrator 创建的所有图形元素；如果要在 Photoshop 中对文件进行处理，可以保存为 PSD 格式，这样，将文件导入到 Photoshop 中后，图层、文字等都可以继续编辑。此外，PDF 格式主要用于网上出版；TIFF 是一种通用的文件格式，几乎所有的扫描仪和绘图软件都支持；JPEG 用于存储图像，可以压缩文件（有损压缩）；GIF 是一种无损压缩格式，可应用在网页文档中；SWF 是基于矢量的格式，被广泛地应用在 Animate 中，如图 1-7 所示。

图 1-7

1.5 Illustrator CC 工作界面

Illustrator 的工作界面由文档窗口、工具面板、控制面板、面板、菜单栏和状态栏等组件组成。

1. 文档窗口（图 1-8）

- 黑色矩形框内部是画板，画板是绘图区域，也是可以打印的区域。
- 画板外部的图稿打印时是看不到的。
- 执行“视图 > 显示 / 隐藏画板”命令，可以显示或隐藏画板。
- 如果同时打开多个文档，按下 Ctrl+Tab 快捷键，可以循环切换各个窗口。

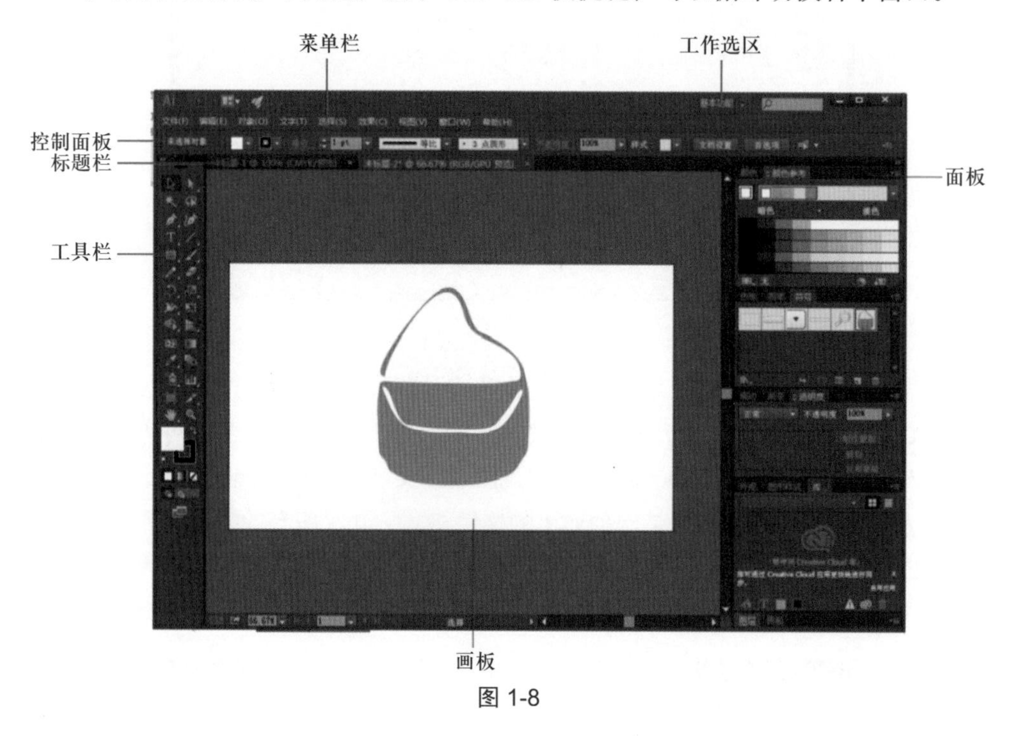

图 1-8

2. 工具面板（图 1-9）

Illustrator 工具面板中包含用于创建和编辑图形、图像和页面元素的各种工具，通过单击工具顶部的“展开 / 折叠”小按钮，可以切换面板单 / 双排显示方式。

单击一个工具可选择该工具，右下角带有三角形图标的工具表示是一个工具组，按住鼠标左键可以显示隐藏的工具，单击工具右侧的拖出按钮，弹出隐藏的工具面板并独立出来，如图 1-9 所示。

3. 控制面板（图 1-10）

位于窗口顶部的控制面板会随着当前工具和所选对象的不同变换选项内容，主要包括“描边”“画笔”等常用面板，用户不需要展开面板就可以完成相关操作。

通过单击带有下画线的蓝色文字，可以显示相关的面板或对话框，如图 1-11 所示。

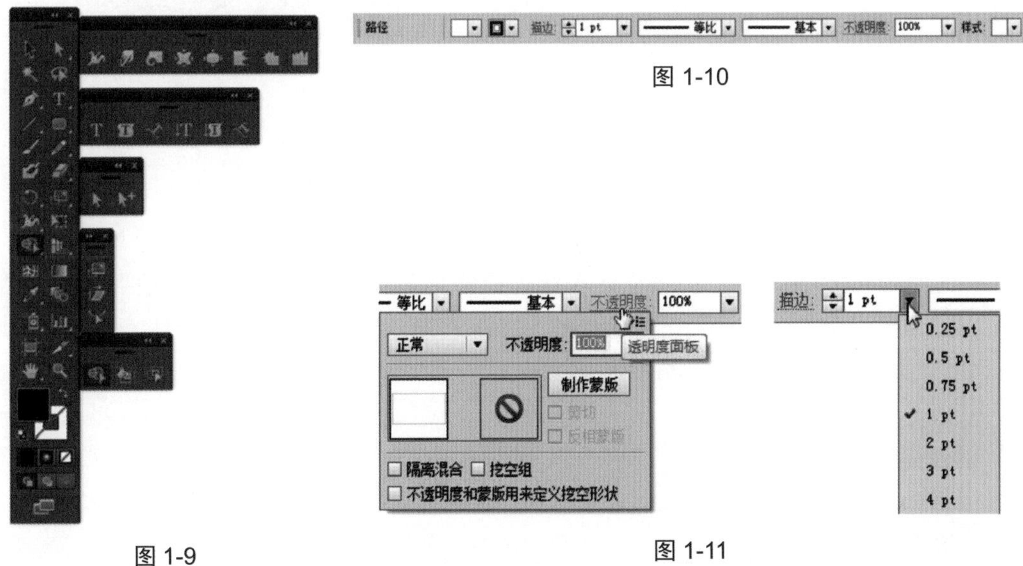

图 1-9

图 1-10

图 1-11

4. 控制面板

Illustrator 很多编辑操作需要借助于相应的面板才能完成。一般面板在“基本模式”下位于窗口的右侧，可以执行“窗口”菜单中的命令打开任意一个面板。通过单击拖动面板的名字，可以将面板拖动出来作为浮动面板。

5. 菜单命令

Illustrator 有 9 个菜单，每个菜单都包含不同命令（图 1-12）。例如，“文字”菜单中包含的是与文字处理有关的命令，“效果”菜单中包含的是可以制作特效的命令。通过单击菜单的名称可以打开菜单，有黑色三角标记的命令还包含下一级的子菜单，后面有快捷键的命令可以通过快捷键来直接执行相关命令，此外，在窗口的空白处、对象上或面板的标题栏上单击鼠标右键，也可以打开快捷菜单，如图 1-13 所示。

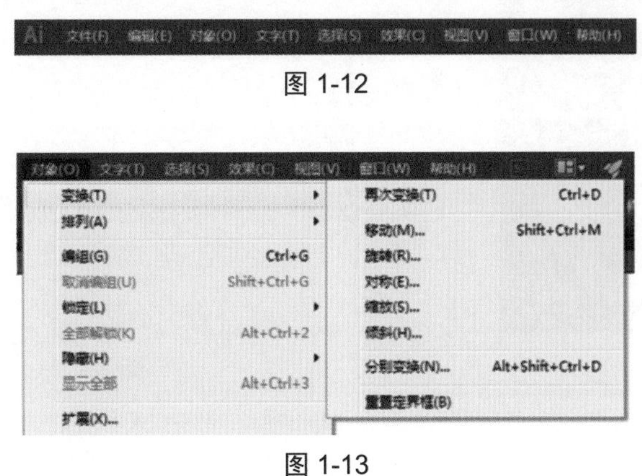

图 1-12

图 1-13

第 2 章　矢量图形软件的基本操作

教学目标

1. 使学生熟悉 Illustrator 的基本操作，包括启动程序、打开文件、操作面板的方法，对 Illustrator 文件进行查看，理解轮廓模式和预览模式查看对象的区别。
2. 掌握对象的选择方式，选择工具，编组选择工具，图层面板选择对象。
3. 了解 Illustrator 和 Photoshop 软件的交互。

教学重点和难点

重点：对象的选择方式。

难点：不同创作工具之间的素材互导，画面的创意组合。

2.1　文档的基本操作

2.1.1　新建空白文档

执行“文件 > 新建”命令或按下 Ctrl+N 快捷键，打开“新建文档”对话框，如图 2-1 所示。输入文件的名称，设置大小和颜色模式等选项，单击“确定”按钮，即可创建一个空白文档。如果要制作名片、小册子、标签、证书、明信片、贺卡等，可执行“文件 > 从模板新建”命令，打开“从模板新建”对话框，如图 2-2 所示。选择 Illustrator 提供的模板文件，该模板中的字体、段落、样式、符号、裁剪标记和参考线等都会加载到新建的文档中，这样可以节省创作时间，提高工作效率。

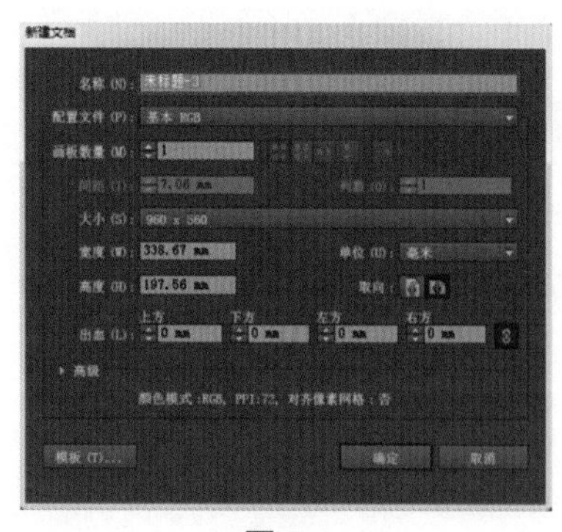

图 2-1

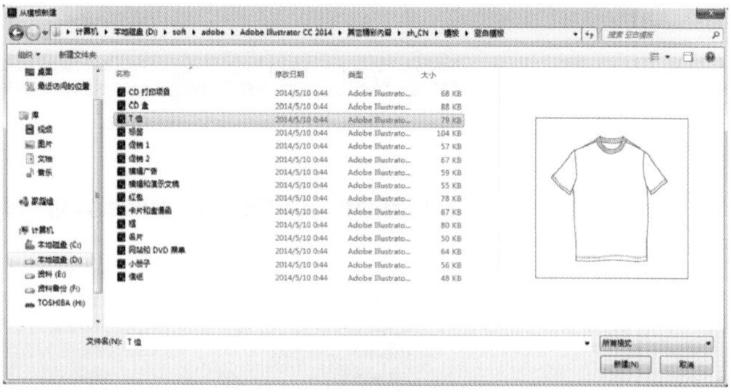

图 2-2

2.1.2　打开文档

如果要打开一个文件，可以执行“文件 > 打开”命令，或按下 Ctrl+O 快捷键，在弹出的“打开”对话框中选择文件，如图 2-3 所示。单击“打开”按钮或按下回车键即可将其打开。

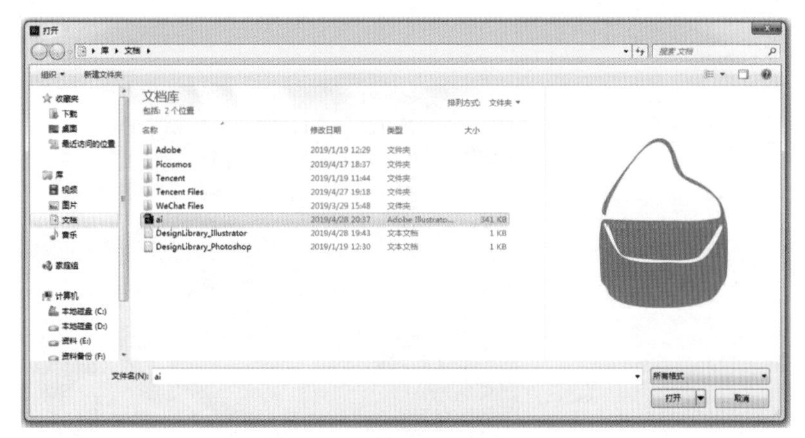

图 2-3

2.1.3　保存文件

在 Illustrator 中绘图时，应该养成随时保存文件的良好习惯，以免因断电、死机等意外而丢失文件。编辑过程中，可随时执行“文件 > 存储”命令，或按下 Ctrl+S 快捷键保存对文件所做的修改。

- 另存文件：如果要将当前文档以另外一个名称、另一种格式保存，或者保存在其他位置，可以使用“文件 > 存储为”命令来另存文件。
- 存储副本：如果不想保存对当前文档所做的修改，可执行“文件 > 存储副本”命令，基于当前编辑效果保存一个副本文件，再将原文档关闭。
- 存储为模板：执行“文件 > 存储为模板”命令，可以将当前文档保存为模板。文档中设定的尺寸、颜色模式、辅助线、网格、字符与段落属性、画笔、符号、透明度和外观等都可以存储在模板中。

2.2　查看图稿

2.2.1　缩放画面

绘图或编辑对象时，为了更好地观察和处理对象的细节，需要经常放大或缩小视图，调整对象在窗口中显示的位置。“视图”菜单中包含窗口缩放命令。其中，“画板适合窗口大小”命令可以将画板缩放至适合窗口显示的大小，如图 2-4 所示。“实际大小”命令可将画面显示为实际的大小，即缩放比例为 100%。这些命令都有快捷键，可通过快捷键来操作，这要比直接使用缩放工具和抓手工具更加方便，例如，可以按下 Ctrl+ 加号或 Ctrl+ 减号快捷键来调整窗口比例，然后按住空格键移动画面。

图 2-4

如果需要将图像缩放成指定的比例，可在文件编辑窗口左下角的显示比例列表框中选择默认的查看比例级数，或直接在文本框中输入想要显示的比例，如图 2-5 所示。

图 2-5

除了以固定比例查看之外，若只想放大某个指定范围，可以直接使用缩放工具拖曳框选要放大的范围，则该范围就会放大至填满整个文件编辑窗口。

2.2.2　预览模式

在默认的模式下，我们可以直接在文件编辑窗口中预览彩色的图像。当图像的内容越来越复杂时，显示的速度也会变得越来越慢，此时可以切换到轮廓模式，只查看图像中的轮廓，可加快显示的速度，如图 2-6 所示。

图 2-6

- 预览模式：默认的显示模式，全彩状态显示图像。
- 轮廓模式："视图 > 轮廓"，只显示轮廓，隐藏图像的颜色，显示速度最快。快捷键 Ctrl+Y，如图 2-7 所示。

图 2-7

- 叠印预览：呈现颜色重叠时的混色效果，默认显示最上层对象的颜色。
- 像素预览：预览作品转换为位图的效果。

2.3 对象的基本操作

2.3.1 选择工具选择对象

选择工具将光标放在对象上方（光标变为状），单击鼠标左键即可将其选择，所选对象周围会出现一个定界框。如果单击左键并拖出矩形选框，则可以选择矩形框内的所有对象，如图 2-8 所示。如果要取消选择，可在空白区域单击鼠标左键即可。

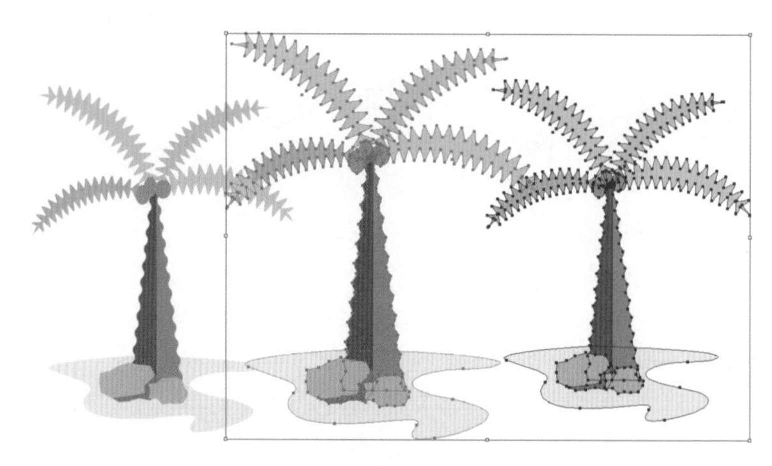

图 2-8

图形对象在被选中之后，一般都会出现一个矩形约束框。如果不希望矩形框出现，执行视图菜单下的“隐藏定界框”命令即可。但是一般情况下尽量不要隐藏定界框。

按住键盘上的 Shift 键，分别在选取的对象上单击鼠标左键，可以将多个对象同时选中。对于已经选取的对象若再次按住 Shift 键单击左键，则可以将该图形对象取消选取。

（1）选择“选择工具”，将光标放在矩形约束框的一个控制手柄上，这时光标变成双向箭头形状，就可以对对象进行缩放。

- 缩放对象的过程中，按住 Shift 键可以对图形对象进行等比例缩放。
- 按住 Alt 键则可以以原对象的中心为基准将图形对象缩放。
- 选择对象后，单击变换参数，可在尺寸中修改，如图 2-9 所示。

（2）选择“选择工具”，将鼠标光标放置在矩形约束框的一个控制手柄旁，光标变成一个弯曲的双向箭头形状，此时按住鼠标左键即可以对对象进行旋转。

- 在拖动鼠标旋转对象的过程中，按下 Shift 键按 45° 的整数倍旋转对象。
- 选择对象后，可按鼠标右键“旋转”进行输入角度修改。

图 2-9

（3）选择“选择工具”，可以方便地复制对象，在移动鼠标的时候按住 Alt 键时，光标变成两个箭头重叠的形状，表示可以复制对象，在释放 Alt 键之前释放左键，就可以完成对对象的复制。

选择对象后，可按 Ctrl+C，Ctrl+V 进行复制粘贴。

（4）选择“选择工具”，双击编组的对象，可以进入隔离模式。在隔离状态下，当前对象（称为“隔离对象”）以全色显示，其他内容则变暗，此时可轻松选择和编辑组中的对象，而不受其他图形的干扰。如果要退出隔离模式，可单击文档窗口左上角的返回按钮。

2.3.2　编组选择工具

编组选择工具：当图形数量较多时，通常会将多个对象编到一个组中。如果要选择组中的一个图形，可以使用“编组选择工具”，单击它可以选择单个对象，双击它则可选择对象所在的组。

如果要移动组中的对象，可以使用编组选择工具，在对象上单击并拖动鼠标。如果要取消编组，可以选择组对象，然后执行“对象 > 取消编组”命令（Shift+Ctrl+G）。对于包含多个组的编组对象，则需要多次执行该命令才能解散所有的组。

编组有时会改变图形的堆叠顺序。例如，将位于不同图层上的对象编为一个组时，这些图形会调整到同一个图层中。

2.3.3　图层选择对象

通过单击图层面板中图层名称右侧的圆形图标，可以选择图层上的对象，同时也可以对对象进行上下移动操作，如图 2-10 所示。

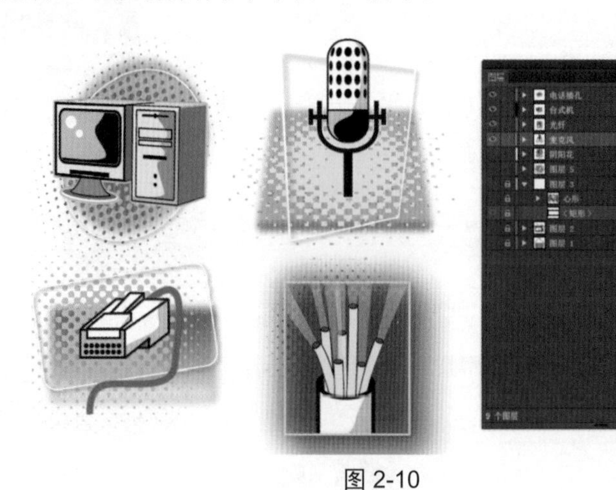

图 2-10

2.3.4　魔棒工具选择对象

魔棒的作用是选取有同等特性的矢量路径。在一个对象上单击，即可选择与其具有相同属性的所有对象，具体属性可以在“魔棒”面板中设置。“填充颜色”“描边颜色”“描边粗细”就是刚刚提到的“同等特性”，这个“同等特性”可以根据需要进行选择，默认的是按“填充颜色”进行选择。用魔棒工具选择一个有填充的矢量路径，那么相同填充颜色的矢量路径都会被同时选中，勾选“混合模式”复选项后，其显示效果如图 2-11 所示。

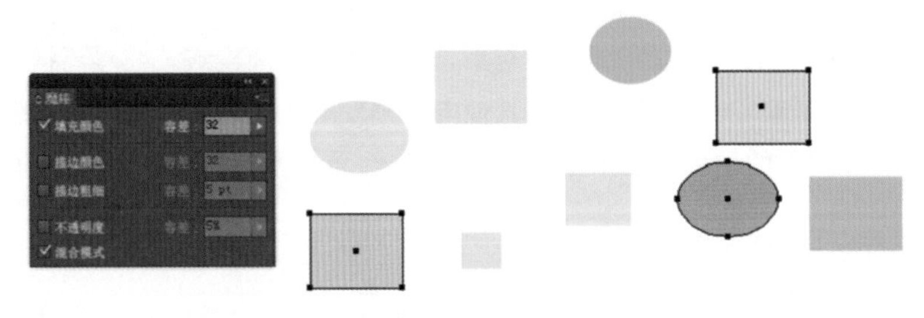

图 2-11

这一功能在特定的设计工作中运用很广泛。如在一个布满各种颜色图形（矢量路径）的画布设计中，想把其中一个颜色统一加深，就可以用魔棒工具点击其中一个矢量路径，那么所有该颜色的矢量路径都会被同时选中，这样就省去一个一个选中该颜色矢量路径的时间，达到事半功倍的效果。

2.3.5 锚点和路径选择工具

使用锚点和路径选择工具，如套索工具和直接选择工具，可以选择锚点和路径。

2.3.6 对齐对象

如果要对齐多个图形，或者让图形按照一定的规则分布，可以先选择图形，再单击对齐面板中的按钮，如图 2-12 所示。

对齐面板中拥有多个对齐方式如：水平左对齐，水平居中对齐，水平右对齐。

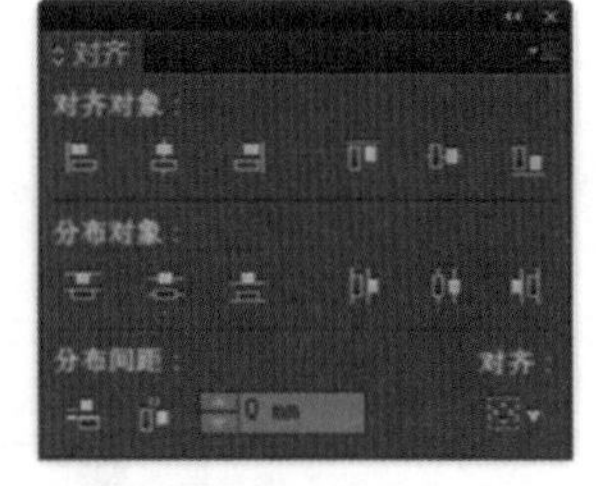

图 2-12

2.4 Illustrator 和 Photoshop 软件的交互

Photoshop 到 Illustrator，Illustrator 可以直接打开 psd 文件，如图 2-13 所示。

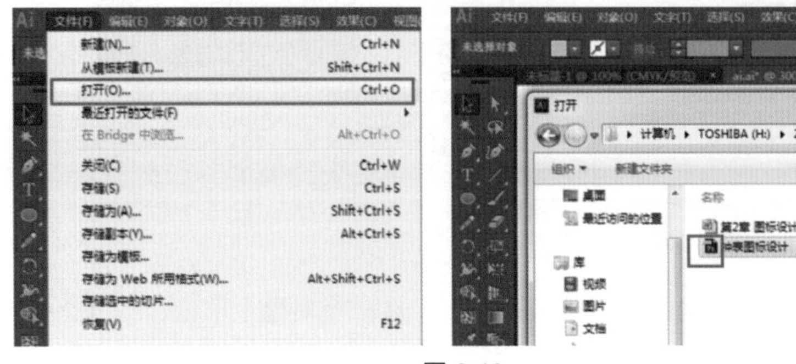

图 2-13

保存 PSD 文件，用 AI 直接打开。PSD 中是分层的，AI 里也是分层的，如图 2-14 所示。

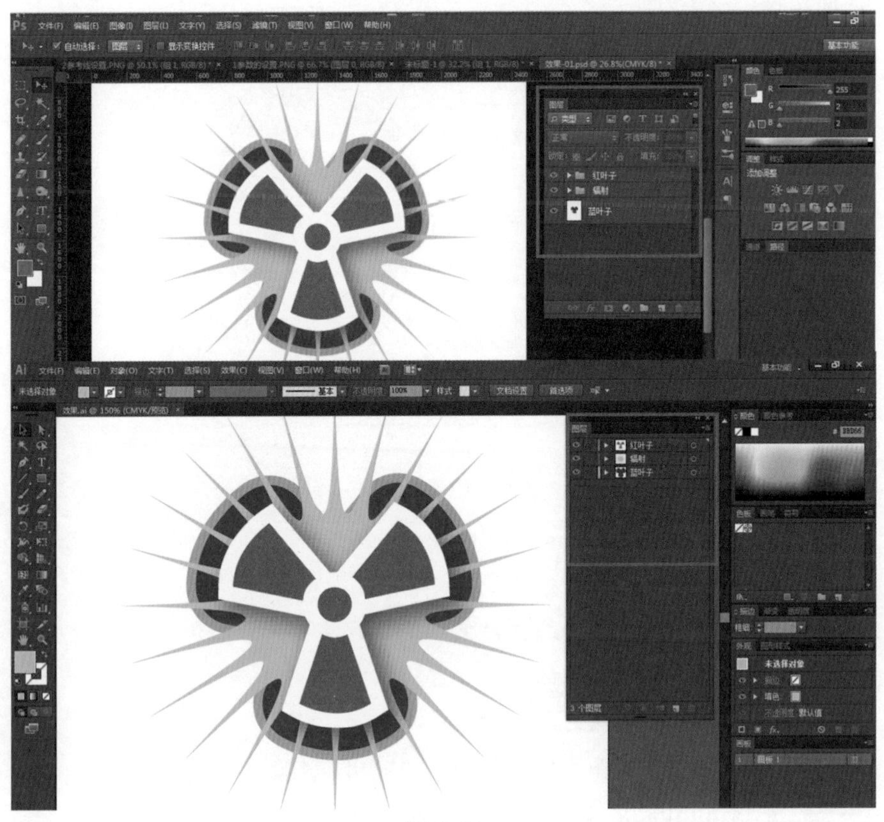

图 2-14

Illustrator 到 Photoshop，可以将 Illustrator 的文件直接导出为 psd 格式，如图 2-15 所示。

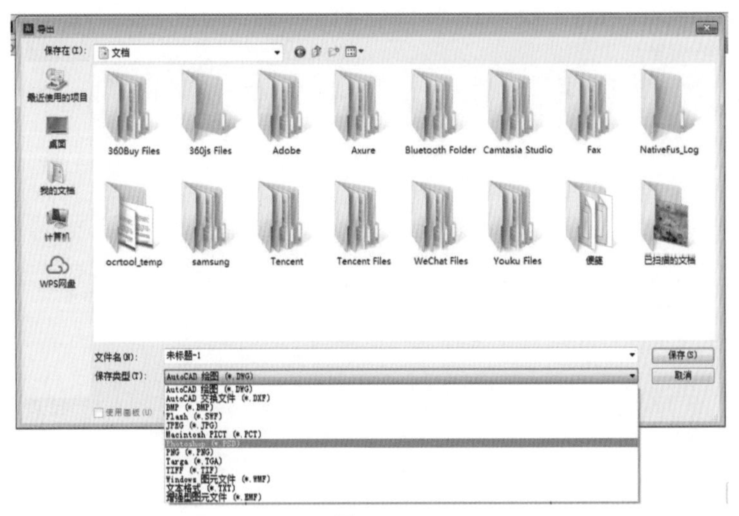

图 2-15

2.5 项目任务作业

- 作业主题：* 格漫画
- 完成时间：60 分钟
- 具体要求：

自行拟定漫画题目，例如：《***》* 格漫画。

（1）以漫画的方式进行呈现，如四格漫画，可以通过文件了解相关的概念信息。

（2）新建文件模式为 RGB，画面尺寸不限。

（3）从教师给定的 AI 或者 psd 文件中选择部分内容进行拼接，组合成一个故事。

（4）导出时需要保证画面的清晰度（分辨率调节）。

本作业的主要考查知识点：

- Psd 文件和 Illustrator 文件的兼容；
- Illustrator 的图层命名方式；
- Illustrator 中对象和编组对象的选择方法；
- Illustrator 中对对象的编组方式；
- Illustrator 中导入文字的方式；
- Illustrator 中文件的创建和画面的导出方式；
- 不同 Illustrator 文件中内容的切换；
- 对 Illustrator 工具自行探索的能力；
- 版面编排能力、想象力……

第 3 章　矢量图形设计软件绘图

教学目标

1. 使学生掌握钢笔工具描绘图稿的方法，学会直线、曲线的绘图技巧，掌握路径的基本编辑方式。
2. 能对给定的位图图像素材轮廓在矢量图形软件中进行临摹绘制。

教学重点和难点

重点：利用绘图工具对给定图稿进行描摹，路径的编辑。

难点：不同绘图工具的选择。

本章主要学习 Illustrator 的基本绘图工具，以及路径常用的钢笔工具等的使用方法，这些都是 Illustrator 最常用的图形绘制方式，只有熟练掌握这些工具的使用方法，才能在图形创作和设计中灵活运用。

3.1　锚点和路径

路径是组成所有线条和图形的基本元素，是使用绘图工具创建的直线、曲线或几何形状对象，路径可以由一个或多个子路径组成。矢量图形是由称作矢量的数学对象定义的直线和曲线构成的，每一段直线和曲线都是一段路径，所有的路径通过锚点连接。

路径由锚点连接，形状也由锚点控制。锚点分为两种，一种是平滑点，一种是角点。平滑的曲线由平滑点连接而成，图 3-1 所示为平滑点连接成的曲线。直线和转角曲线由角点连接而成，图 3-2 所示为角点连接而成的直线，图 3-3 所示为角点连接成的转角曲线。Illustrator 绘制路径的方法基于贝塞尔曲线的原理，但必须要熟练使用钢笔工具和与路径相关的编辑工具及相应的菜单命令。

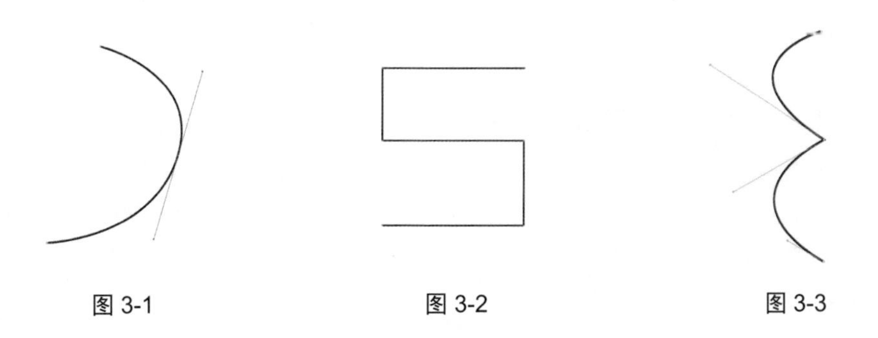

图 3-1　　　　图 3-2　　　　图 3-3

3.2 使用钢笔工具绘图

钢笔工具是 Illustrator 中最重要的工具，它可以绘制直线、曲线和各种形状的图形。

3.2.1 钢笔状态

绘图前需要观察钢笔的不同状态，以便做出下一步绘图的准确判断。通过钢笔工具可以：

- 创建路径；
- 闭合路径；
- 连接路径；
- 为路径添加 / 删除锚点。

下面就钢笔工具的不同状态进行分析，在绘图时需要仔细观察，Illustrator 不同的版本钢笔形状会有所区别，但钢笔工具右侧的符号大都一致。如果键盘上的 Caps Lock 键指示灯点亮，钢笔工具会变成 × 号；如果图层锁定，钢笔工具则处于禁用状态。钢笔工具的不同状态所表示的意思如下：

- 状光标：钢笔工具初始状态，单击可以创建一个角点，单击并拖动可以创建一个平滑点。
- / 状光标：选择一条路径将光标放在路径上，光标会变成状，单击可以添加锚点。将光标放在锚点上，光标会变成状，此时单击可以删除锚点。
- 状光标：将光标放在绘制在起点位置的锚点上，闭合路径。
- 状光标：将光标放在另一条开放路径上，可以连接两条路径。
- 状光标：将光标放在一条开放路径的端点上，单击可以继续路径的绘制。

3.2.2 绘制直线

选择钢笔工具，在画板中单击鼠标以创建锚点，将光标移至其他位置单击，可以创建由角点连接的直线路径，按住 Shift 键单击，可绘制出水平、垂直或以 45° 角为增量的直线；如果要结束开放式路径的绘制，可按住 Ctrl 键并在远离对象的位置单击，或者选择工具面板中的其他工具；如果要封闭路径，可以将光标放在第一个锚点上，然后单击鼠标。

3.2.3 绘制曲线

使用钢笔工具单击并拖动鼠标以创建平滑点，在另一处单击并拖动鼠标即可创建曲线，在拖动鼠标同时还可以调整曲线的斜度。绘制曲线时，锚点越少，曲线越平滑。

如果要绘制与上一段曲线之间出现转折的曲线，那么需要在创建新的锚点前改变方向线，用钢笔工具绘制一段曲线，将光标放在方向点上，单击并按住 Alt 键向相反方向拖动，如图 3-4 所示。

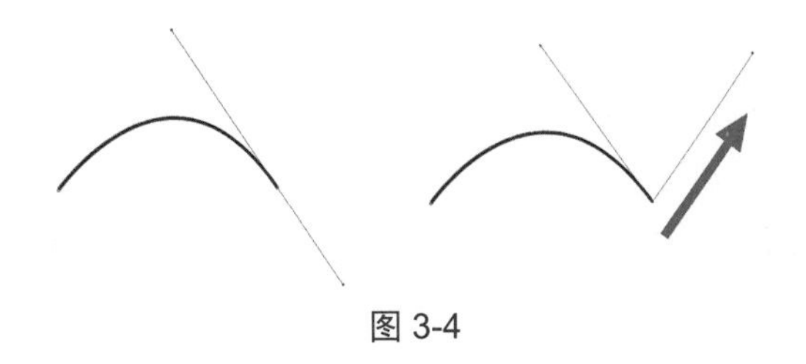

图 3-4

3.3　使用铅笔工具绘图

铅笔工具适合绘制比较随意的路径，可以徒手绘制路径，就像用铅笔在纸上画画一样，但它不能用于创建精确的直线和曲线。

3.3.1　用铅笔工具绘制路径

选择铅笔工具，在画板中单击并拖动鼠标即可绘制路径。拖动鼠标时按住 Alt 键，可以绘制直线；按住 Shift 键，可以绘制以 45° 角为增量的斜线。可以双击铅笔工具，打开“铅笔工具选项”对话框，对相关参数进行设置，如图 3-5 所示。

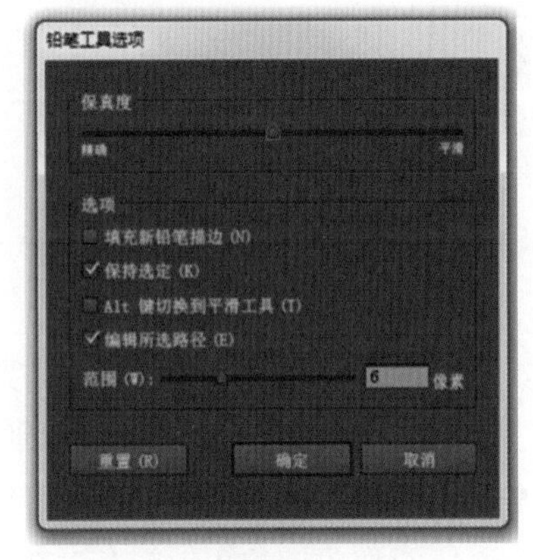

图 3-5

3.3.2　用铅笔工具编辑路径

双击铅笔工具，打开“铅笔工具选项”对话框，勾选“编辑所选路径”复选项，便可使用铅笔工具修改路径。

- 改变路径形状：选择一条开放路径，将铅笔工具放在路径上，当光标右侧的“*”状符号消失，单击并拖动鼠标改变路径的形状。
- 延长与封闭路径：在路径的端点上单击并拖动鼠标，可以延长该段路径；如果拖至路径的另一个端点上，可以封闭路径。
- 在拖动鼠标绘制曲线的时候按下 Alt 键，铅笔光标变化，可封闭曲线。

3.4　使用基本图形工具绘图

要想用 Illustrator 绘制自己的作品，就必须掌握利用 Illustrator 中提供的基本绘图工具绘制各种图形（如矩形、圆角矩形、星形、多边形、椭圆、直线、弧线段、螺旋线和矩形网格等）的方法。将这些基本图形编辑并变形，就可以得到所需的复杂图形，如图 3-6 所示。

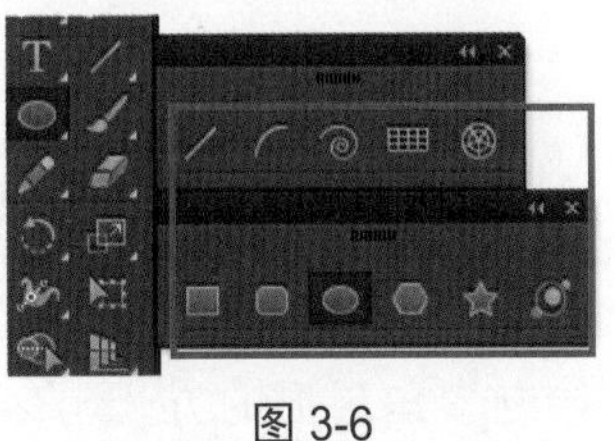

图 3-6

3.4.1 矩形和椭圆的绘制

矩形和椭圆可以说是自然界中最简单、最基本，也是最重要的基本图形。在 Illustrator 中，矩形、圆角矩形工具和椭圆工具的使用方法比较相似，都是绘制基本图形的工具，所以它们在同一个工具组中。使用这些工具可以很方便地在绘图页面上拖动绘制出设计作品的基本图形。

- 在拖动鼠标时按住 Shift 键，将绘制出一个正方形和正圆。
- 同时按住 Shift 和 Alt 键会以鼠标单击点为中心绘制正方形和正圆，如图 3-7 所示。

除了使用拖动鼠标的方法绘制图形外，还可以利用相应地对话框精确地绘制图形。

- 在工具箱中选取“矩形工具”或“椭圆工具”。
- 在页面上单击鼠标，打开图 3-8 所示的“矩形”对话框或图 3-9 所示的“椭圆”对话框，输入相应的数值就可以了。

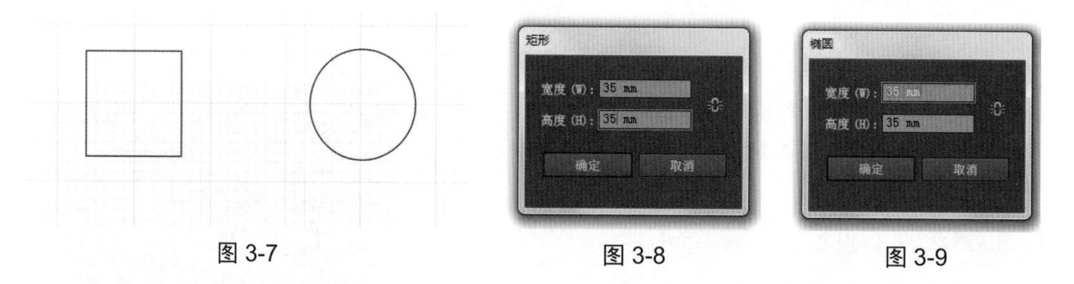

图 3-7　　图 3-8　　图 3-9

精确绘制圆角矩形的方法与绘制矩形的方法类似，但是多了圆角半径选项的设置。“圆角半径”是从矩形的角点到曲线和矩形相切处的距离。

- 在单击的时候按下 Alt 键，得到的圆角矩形将以单击点为中心，否则将以单击点作为圆角矩形的左上角顶点。
- 绘制的过程中按下键盘方向键的↑键和↓键可以自由地调整圆角的大小。

3.4.2 绘制多边形和星形

绘制多变形和星形的绘制方法与绘制矩形和椭圆类似，除了可以用拖动鼠标的方法绘制外，还能够通过设置相应的对话框精确绘制图形。绘制过程中按住↑键和↓键可以增加或减少多边形的边数，如图 3-10 所示。

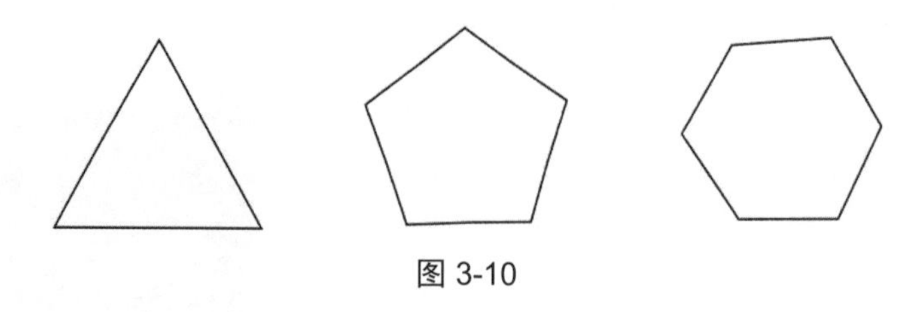

图 3-10

绘制多角星形的方式与多边形类似，绘制是按住 Ctrl 键拖动鼠标，可以改变多角星形的角度，如图 3-11 所示。

图 3-11

3.4.3　绘制弧线和直线

绘图中，直线工具和弧线工具是必不可少的线型工具，这两种线型工具可以让我们创建直线和弧线。选择“弧线工具”在页面上单击左键确定弧线的起点，然后朝弧线需要延伸的方向和角度拖动鼠标，释放鼠标得到弧线。

在拖动鼠标的同时：

- 按下键盘上的 Shift 键可以得到水平和垂直方向长度相等的弧线。
- 按下 C 键可以得到封闭的弧线。
- 按下 F 键可以改变弧线的凹凸方向。

绘制弧线如图 3-12 所示。

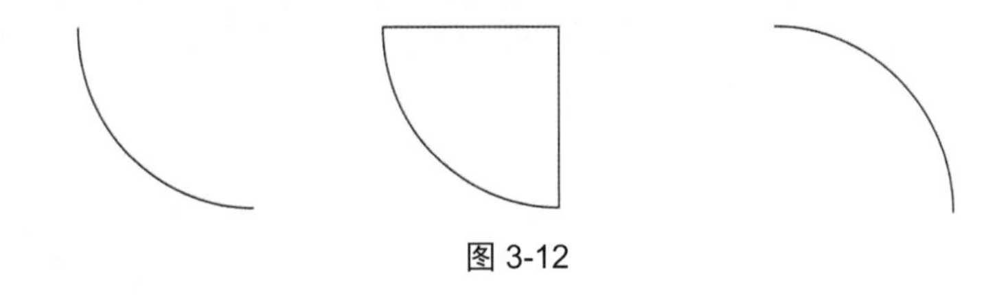

图 3-12

3.4.4　绘制螺旋线

在工具箱中选择“螺旋线工具”，单击鼠标左键确定螺旋线的起点，然后拖动鼠标开始绘制。拖动鼠标的同时：

- 可以拖动鼠标转动螺旋线。
- 按下 Shift 键，转动的角度将是强制角度（默认值是 45°）的整数倍。
- 按下↑键可以增加螺旋线的圈数，按下↓键可以减少螺旋线的圈数。
- 按下 Ctrl 键可以调整螺旋线的紧密程度。

绘制螺旋线如图 3-13 所示。

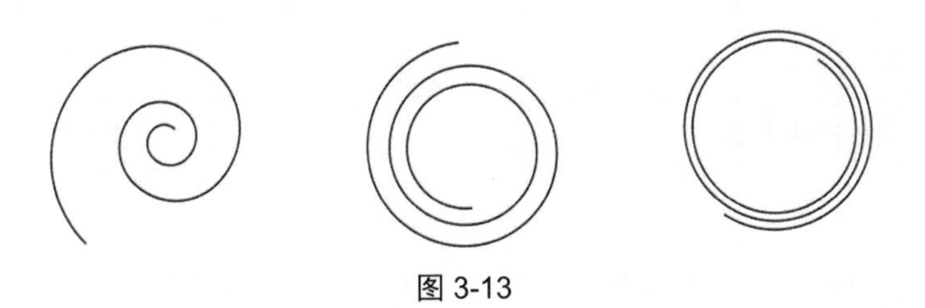

图 3-13

绘制螺旋线时，衰减度直接影响着螺旋线形状。设置“衰减”的数值越大，各螺旋线的排列就越紧密，它的数值范围为 5%~150%。

“段数”选项可以设置螺旋线的段数，一个完整的螺旋线由 4 段组成。

3.4.5 绘制矩形网格和极坐标网格

使用“矩形网格工具”和“极坐标网格工具”，可以绘制矩形网格和极坐标网格，能让用户在设计工作中很方便地得到需要的各种网格。如果在绘制网格的同时：

- 按下 Shift 键，可以绘制一个正方形网格。
- 按下↑键可以增加网格的行数，按下↓键可以减少矩形网格的行数。
- 按下→键可以增加矩形网格的列数，按下←键可以减少网格的列数。

绘制矩形网格如图 3-14 所示。极坐标网格的绘制方法与绘制矩形完全一致，如图 3-15 所示。

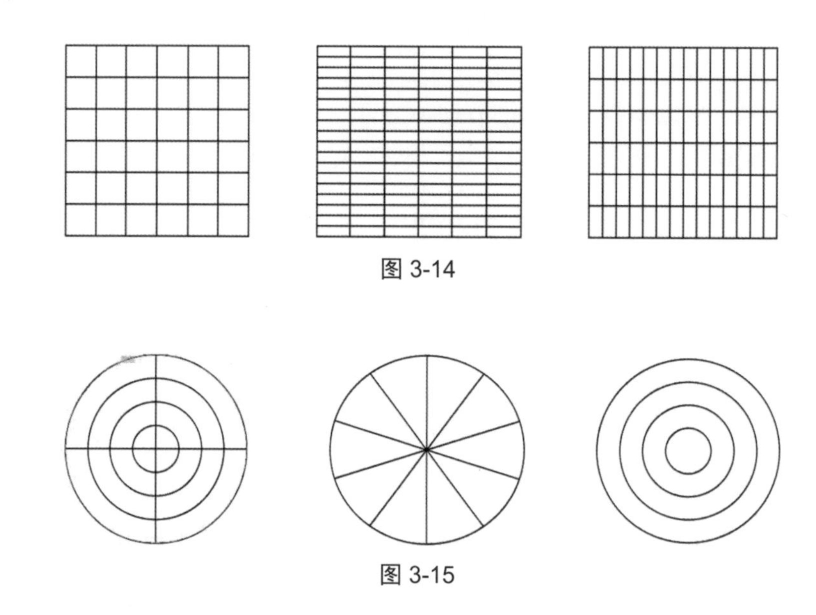

图 3-14

图 3-15

绘制矩形网格和极坐标网格时，如果所设计的网格线是不均匀的，可以在绘制图形的同时配合键盘“X/C”或者“F/V”键来分别进行控制纵向线和横向线的偏移，如图 3-16 所示。

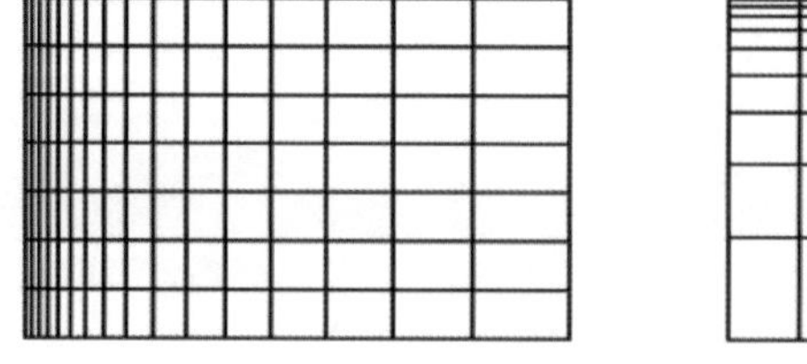

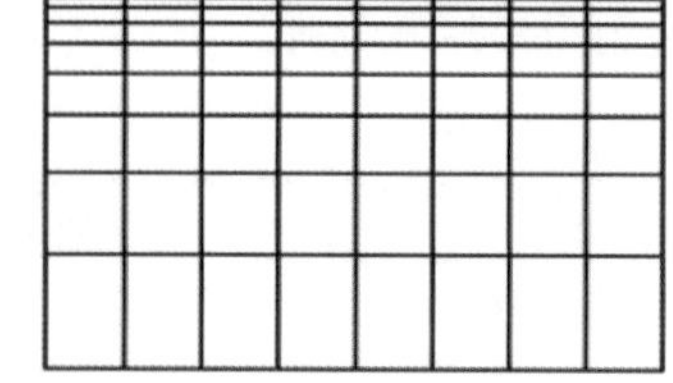

图 3-16

极坐标网格绘制的设置方法与矩形网格一致，如图 3-17 所示。

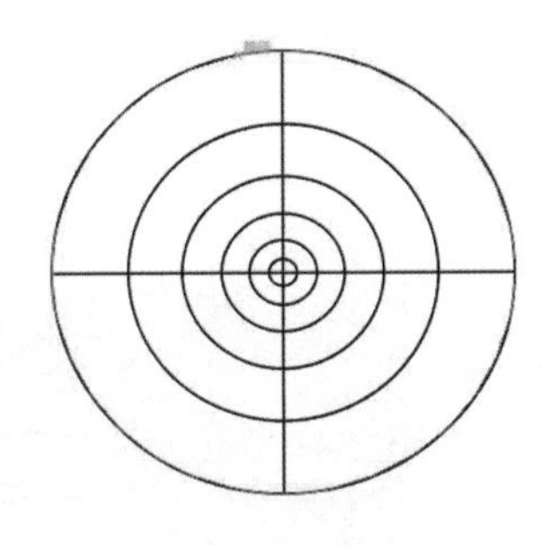
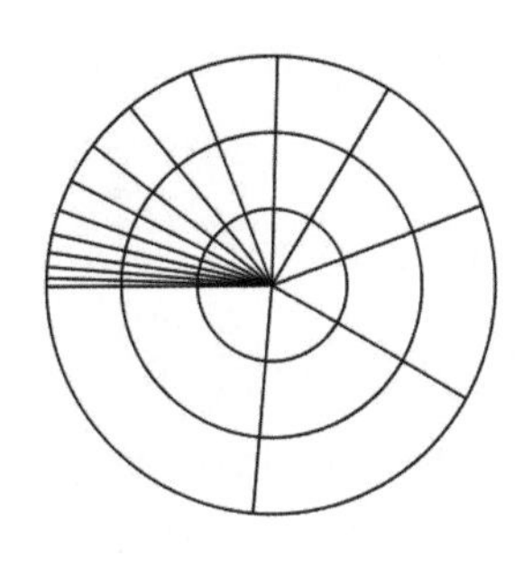

图 3-17

在绘制图形的同时按住键盘上“~”符号键（位于数字 1 的左边），可以不断重复绘制当前的图形，达到特殊效果，如图 3-18 所示。

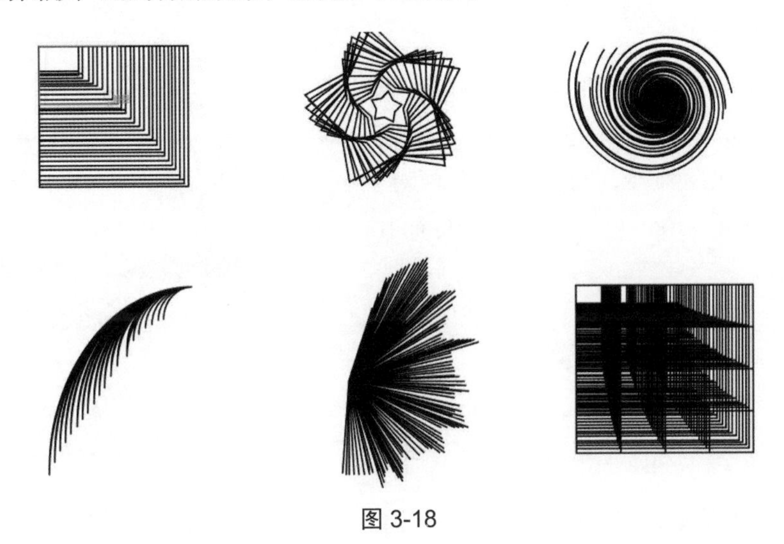

图 3-18

3.5 路径编辑

3.5.1 选择与移动锚点和路径

直接选择工具用于选择锚点。该工具放在锚点上方，光标变成↖▫状，单击鼠标左键可以选择锚点，选中的锚点为实心方块，未选中的为空心方块。单击并拖出一个矩形选框，可以将选框内的所有锚点选中。在锚点上单击以后，按住鼠标左键并拖动，可以移动锚点，另外，还可以使用套索工具拖动选择锚点。

直接选择工具在路径上单击，可选择路径段，单击路径段并按住鼠标左键拖动，可以移动路径。

3.5.2 添加与删除锚点

选择一条路径，使用钢笔工具在路径上单击可以添加一个锚点，使用钢笔工具单击锚点可以删除锚点。

如果需要在所有路径段的中间位置添加锚点，可以执行“对象 > 路径 > 添加锚点”命令。

3.5.3 平滑路径

选择一条路径，使用平滑工具在路径上单击并反复拖动鼠标，可以对路径进行平滑处理，同时会删除部分锚点，尽可能地保持路径原有的形状。双击该工具，可以打开“平滑工具选项”对话框，如图 3-19 所示。

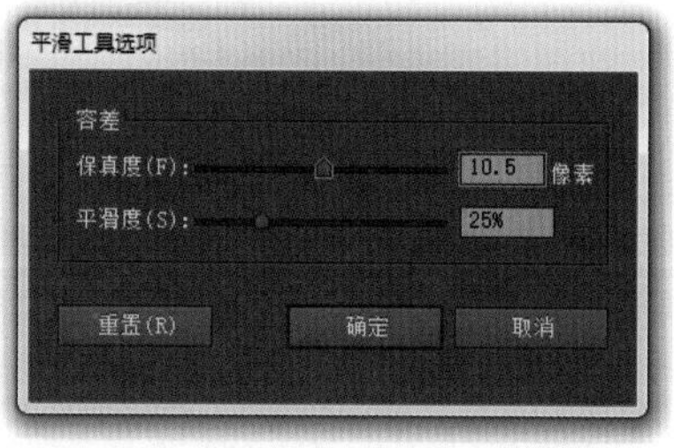

图 3-19

3.5.4 简化路径

当锚点数量过多时，曲线变得不够光滑，会给选择和编辑带来不便。通过选择路径，执行“对象 > 路径 > 简化”命令，打开“简化”对话框，调整“曲线精度”值，可以对锚点进行简化，如图 3-20 所示。

图 3-20

3.6 基本工具绘图案例

3.6.1 案例 1：绘制飞机

本案例利用基本绘图工具绘制一个飞机的图形效果。具体制作过程如下：

（1）设置文件大小为 800px × 800px 的文档，模式为 RGB，命名为飞机，如图 3-21 所示。

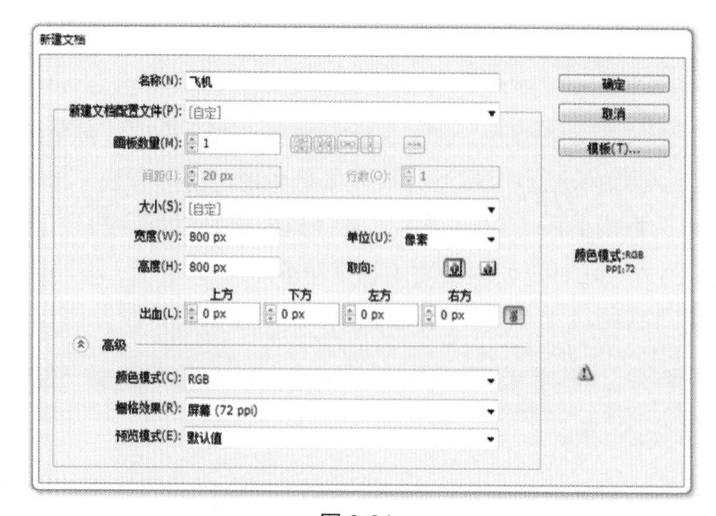

图 3-21

（2）选择钢笔工具，通过单击的方式，绘制飞机的机身部分，绘图之前需要在工具箱中检查填充色和描边色，保证填充色为无色，描边可以任意指定一种颜色，以便查找路径，如图 3-22 所示。

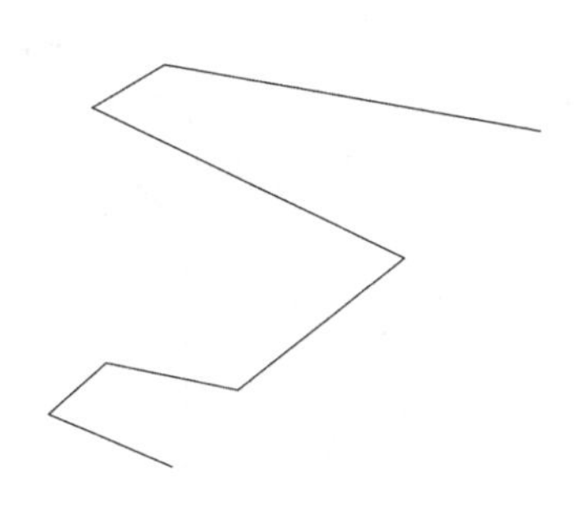

图 3-22

（3）选择椭圆工具，绘制飞机的头部，更改旋转角度，如图 3-23 所示。

（4）使用同样的方式绘制机尾的部分，如图 3-24 所示。

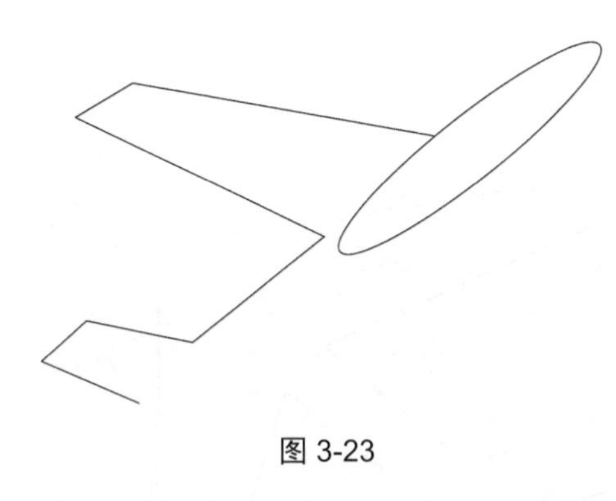

图 3-23

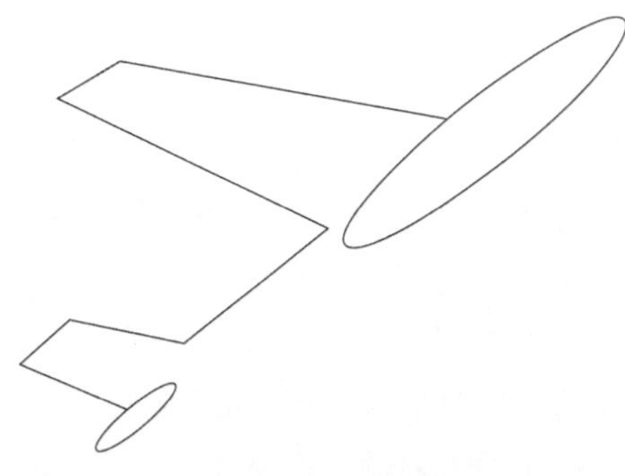

图 3-24

（5）利用"选择工具"选择步骤 2 中绘制的机身部分，选择工具箱中的"径向工具"，在图 3-25（a）中的黄线位置处单击鼠标左键，确定径向中心点，按住 Alt 键拖动，复制另一侧的机身，如图 3-25（b）所示。

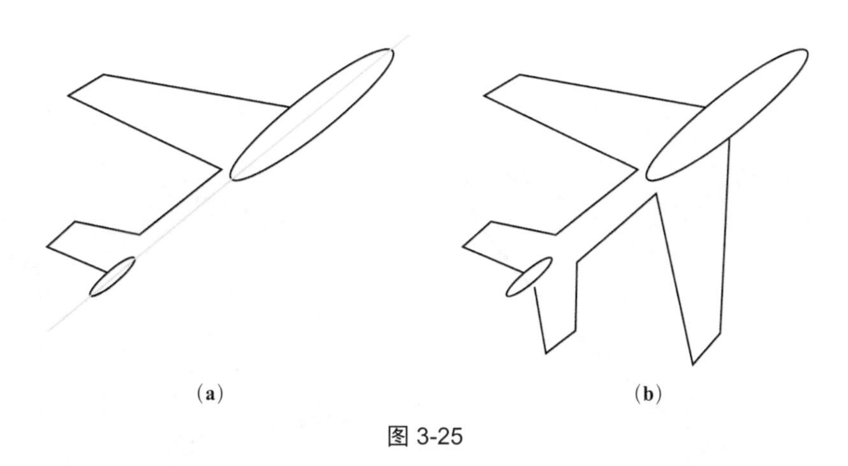

（a）　　　　（b）

图 3-25

（6）利用"直接选择工具"选中飞机中断开的锚点进行位置调整，将断开的线进行贴合，如图 3-26 所示。

（7）选中飞机的头部和尾部，在图 3-27 红线所示的部分添加锚点。

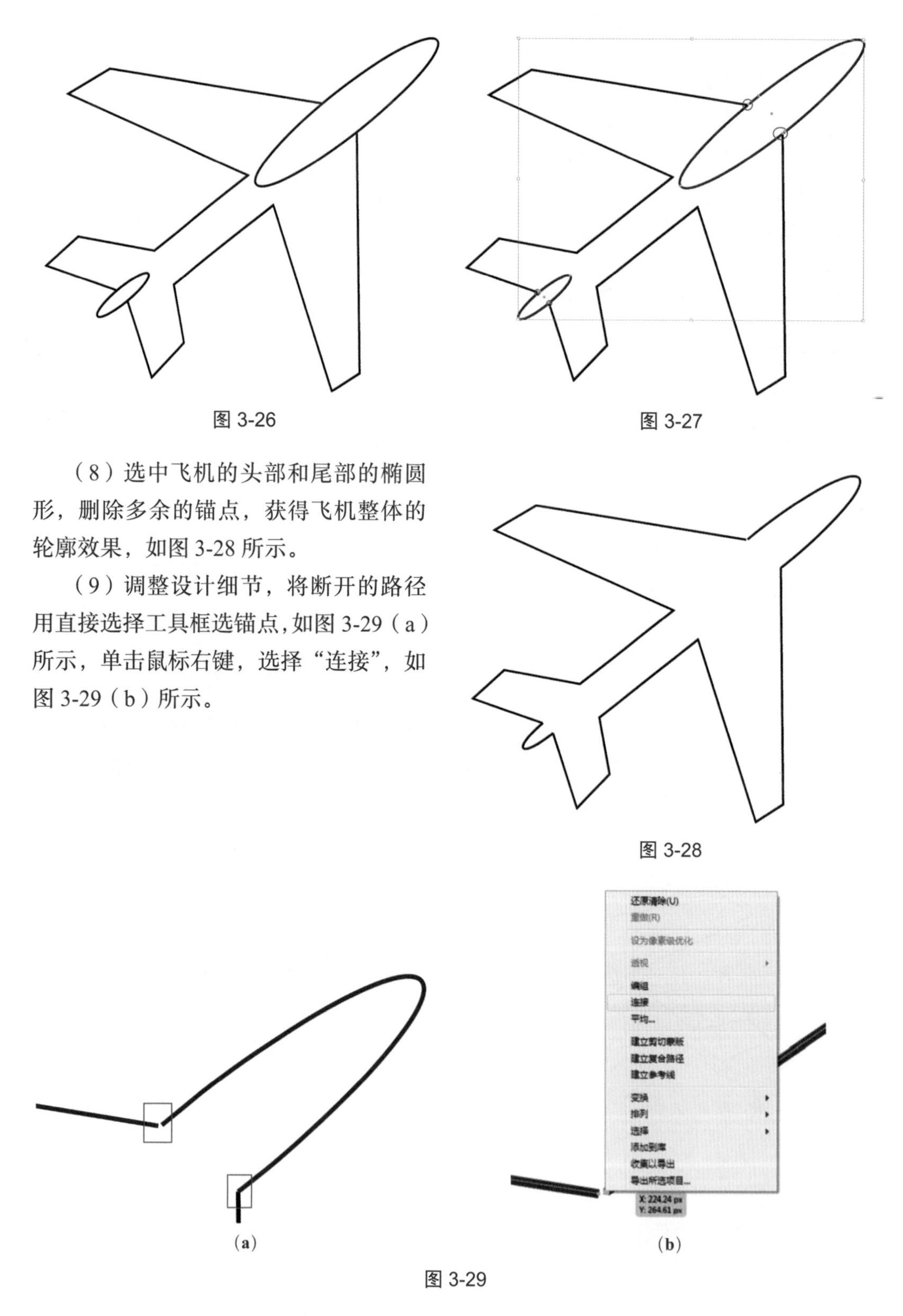

图 3-26

图 3-27

（8）选中飞机的头部和尾部的椭圆形，删除多余的锚点，获得飞机整体的轮廓效果，如图 3-28 所示。

（9）调整设计细节，将断开的路径用直接选择工具框选锚点，如图 3-29（a）所示，单击鼠标右键，选择“连接”，如图 3-29（b）所示。

图 3-28

（a）

（b）

图 3-29

（10）通过“连接”，发现接点间的衔接太过尖锐，将“描边”面板中的“边角”类型选择“圆角连接”，如图 3-30 所示。

（11）最终飞机图形效果如图 3-31 所示。

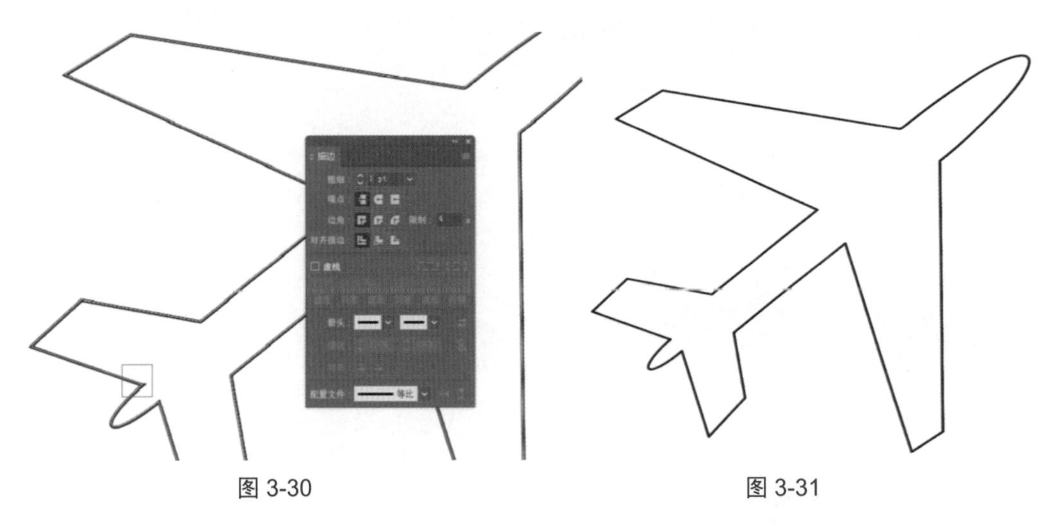

图 3-30　　　　图 3-31

3.6.2　案例 2：绘制飞鸟

本案例利用基本绘图工具绘制一个飞鸟的图形效果。具体制作过程如下：

（1）设置文件大小为 800px × 800px 的文档，模式为 RGB，命名为飞鸟，如图 3-32 所示。

图 3-32

（2）利用“钢笔工具”勾勒出飞鸟的大体轮廓，如图 3-33 所示。利用钢笔工具绘制线条，锚点的添加遵循由少及多的原则，按住 Alt 键不放，用于控制曲线的扭曲方向，设计过程中可以按住 Ctrl 键不放，跳出定界框，单击鼠标左键，退出线的编辑状态。飞鸟锚点的添加方式，参照图 3-34 所示。

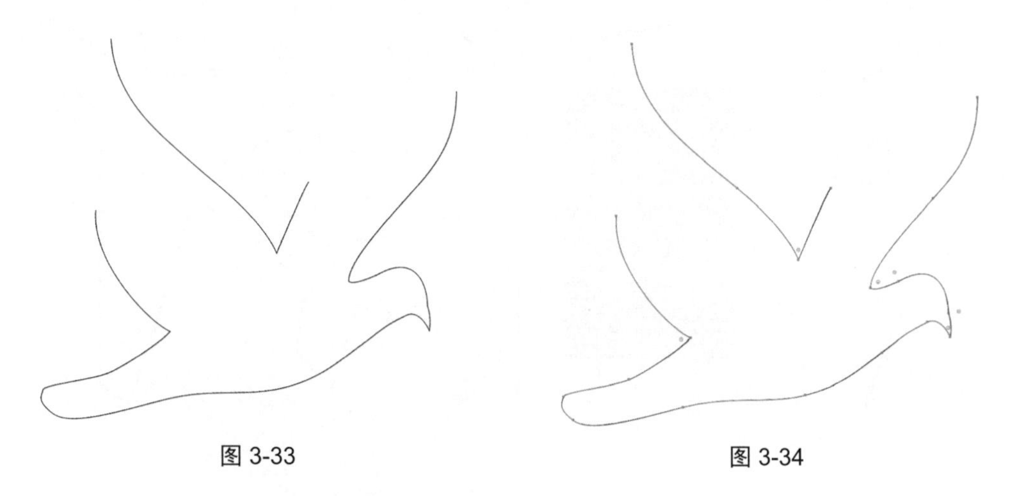

图 3-33　　图 3-34

（3）飞鸟羽毛部分的绘制使用较为灵活的线条来表现，这里选择铅笔工具绘图，如果需要接着前面的路径绘图，可以选择已有的绘图路径，配合 Alt 键，继续图稿的绘制，对不满意的线条，使用“平滑工具”进行编辑，配合“直接选择工具”进行微调，如图 3-35 所示。

（4）该案例最终效果如图 3-36 所示。

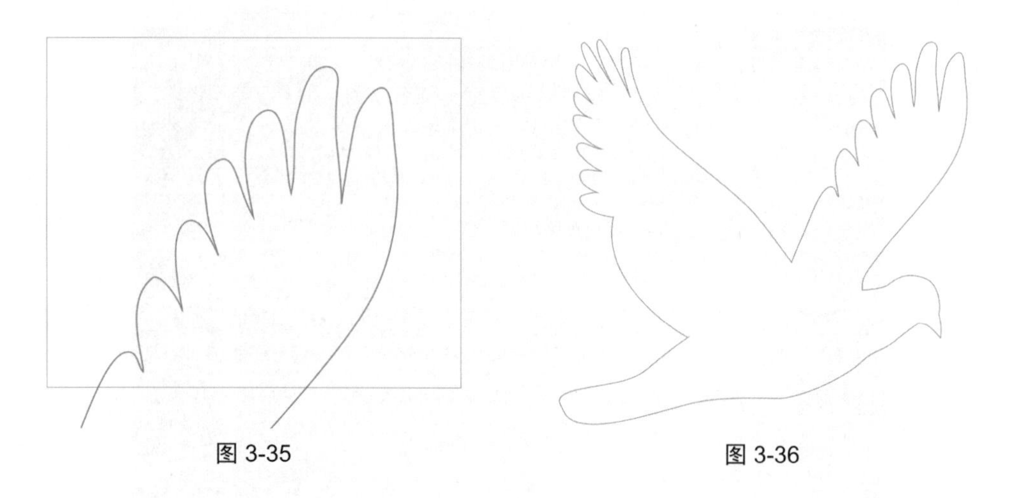

图 3-35　　图 3-36

3.6.3　案例 3：绘制装饰图

本案例利用铅笔工具和基本图形工具配合绘制一个花朵的图形效果，对图形进行复制，作为装饰图形来使用。具体制作过程如下：

（1）设置文件大小 800px × 600px，颜色模式 RGB，分辨率 300，具体参数设置如图 3-37 所示。

（2）选择“铅笔工具”绘制封闭的花瓣图形，如图 3-38 所示。

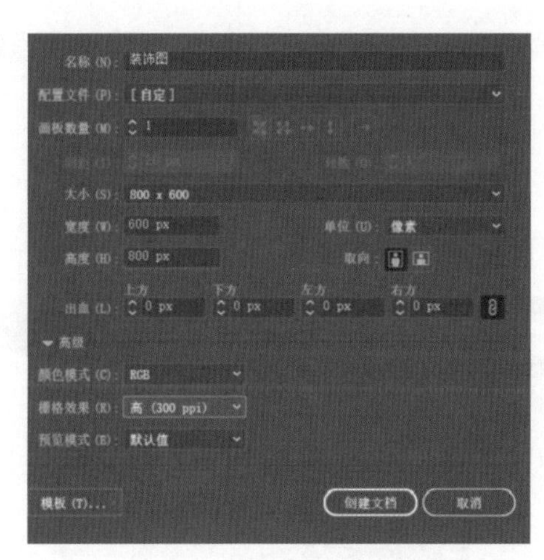

图 3-37

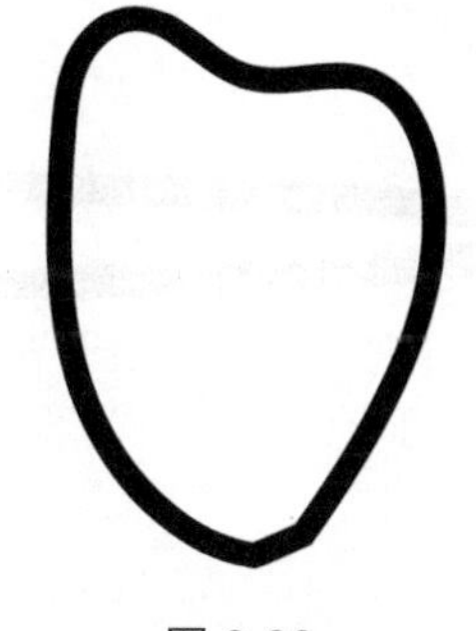

图 3-38

（3）使用“平滑工具”对花瓣图形的路径边缘做平滑处理，如图 3-39（a）所示，平滑处理后的效果如图 3-39（b）所示。

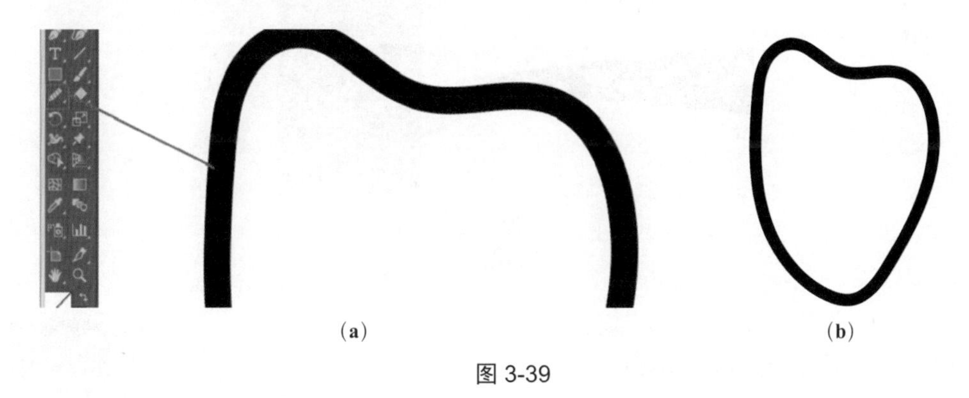

（a）　　（b）

图 3-39

（4）使用同样的方法完成其余花瓣图形的绘制，使用“圆形工具”完成花心的绘制，效果如图 3-40 所示。

（5）使用“椭圆工具”绘制花枝部分，如图 3-41 所示。

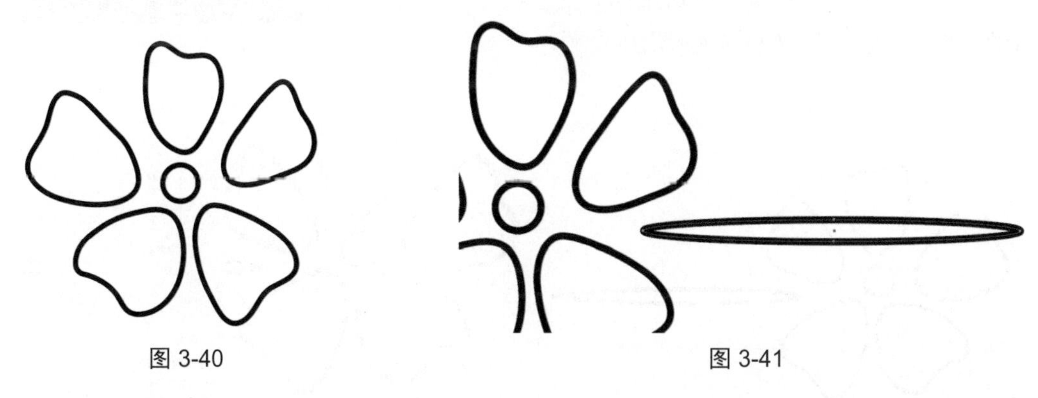

图 3-40　　图 3-41

（6）使用“直接选择工具”选中椭圆锚点进行编辑，如图 3-42（a）所示。单击需要编辑的锚点，选择“属性面板”中的“转换锚点”命令，如图 3-42（b）所示。

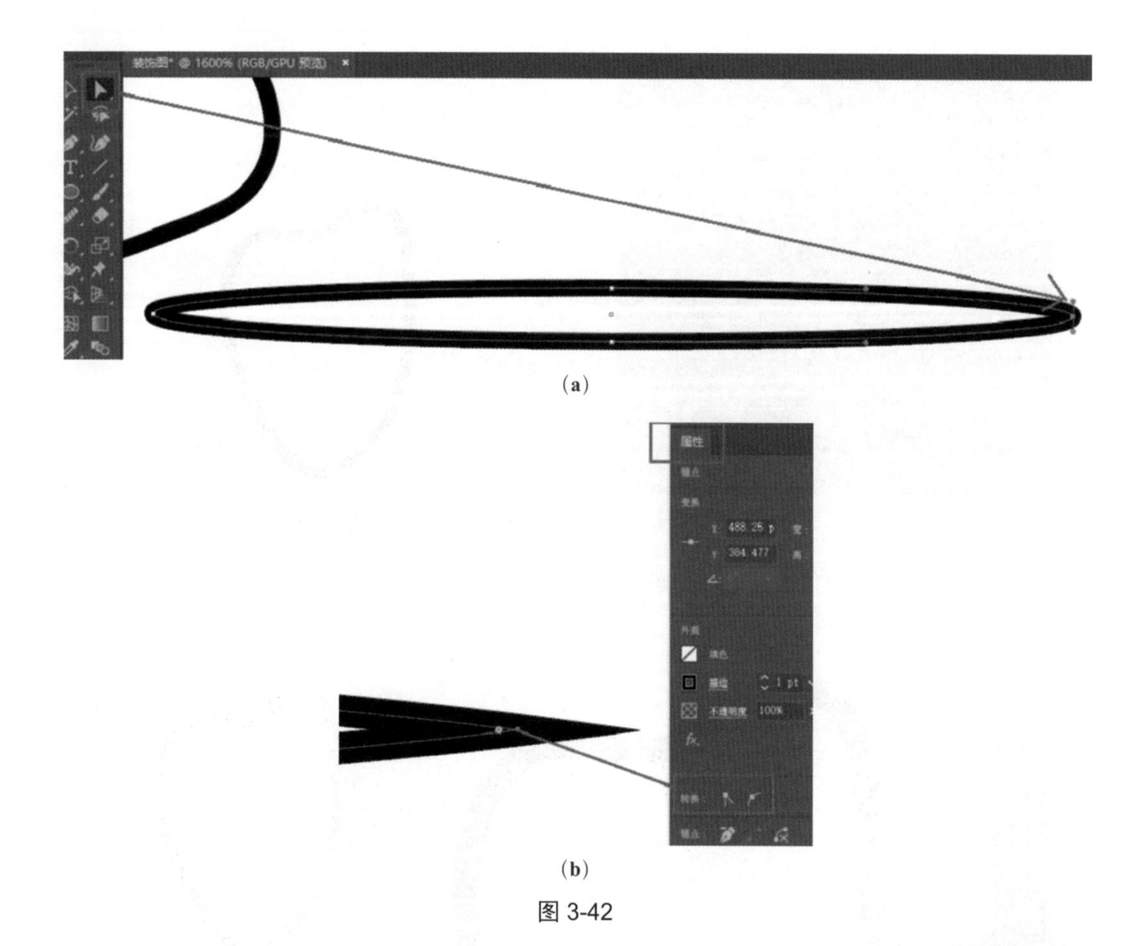

(a)

(b)

图 3-42

（7）选中转换后的锚点，单击“描边”面板，选中端点的类型为“圆角”，效果如图 3-43 所示。

（8）绘制完成后的花朵图形，如图 3-44 所示。

（9）选中所有的花瓣，单击鼠标右键，选择“编组”，如图 3-45 所示。

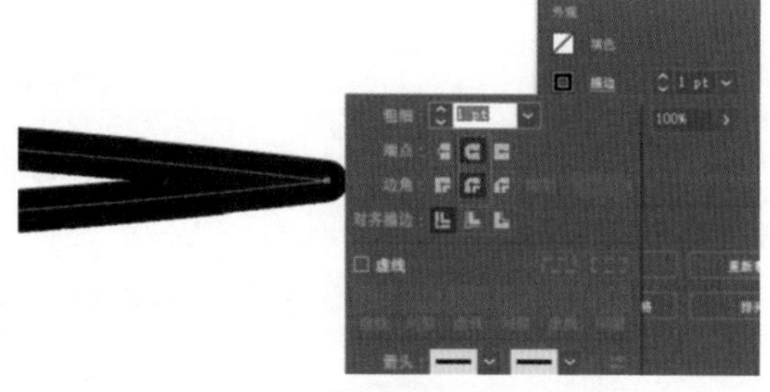

图 3-43

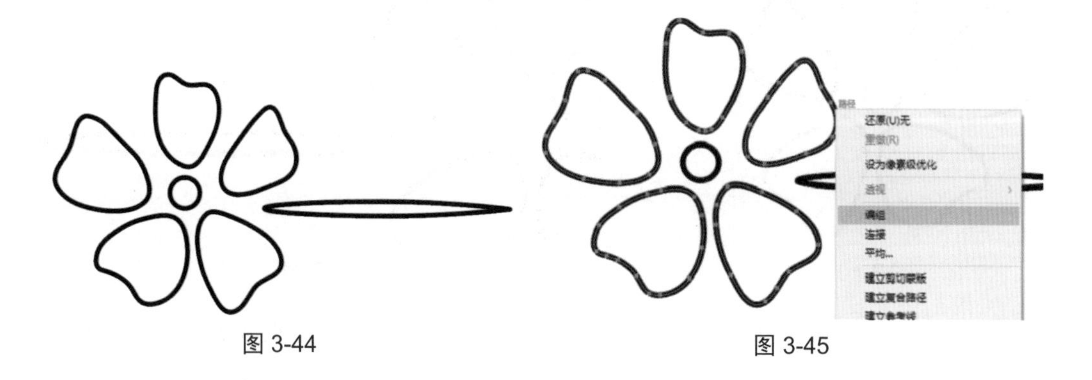

图 3-44

图 3-45

（10）为选中的花瓣填充颜色效果，具体参数如图 3-46 所示。

（11）选中花蕊部分填充颜色效果，具体参数如图 3-47 所示。

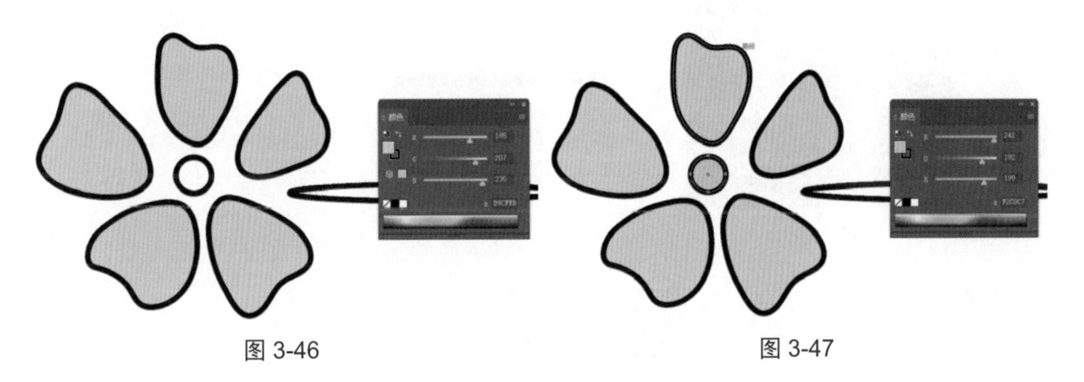

图 3-46　　　　图 3-47

（12）选中花枝部分填充颜色效果，具体参数如图 3-48 所示。

（13）选中所有的花朵对象，将描边颜色设置为无色，效果如图 3-49 所示。

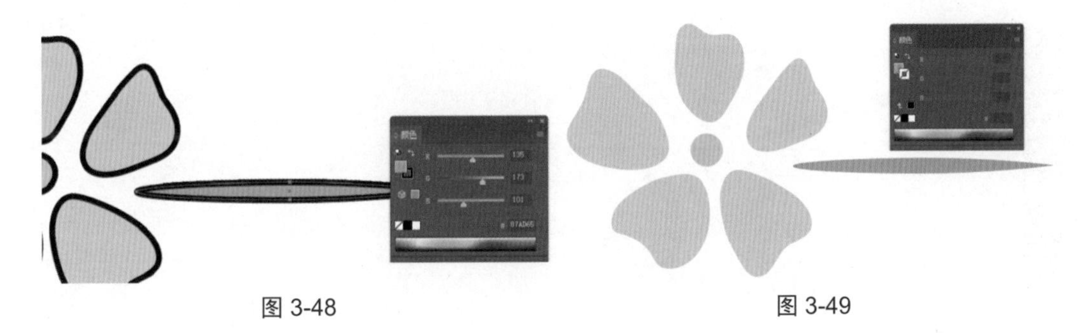

图 3-48　　　　图 3-49

（14）选中所有的花朵对象，单击鼠标右键，选择“编组”命令，如图 3-50 所示。

（15）选中编组后的花朵对象，单击鼠标右键，选中“变换”>“对称”命令，如图 3-51 所示。

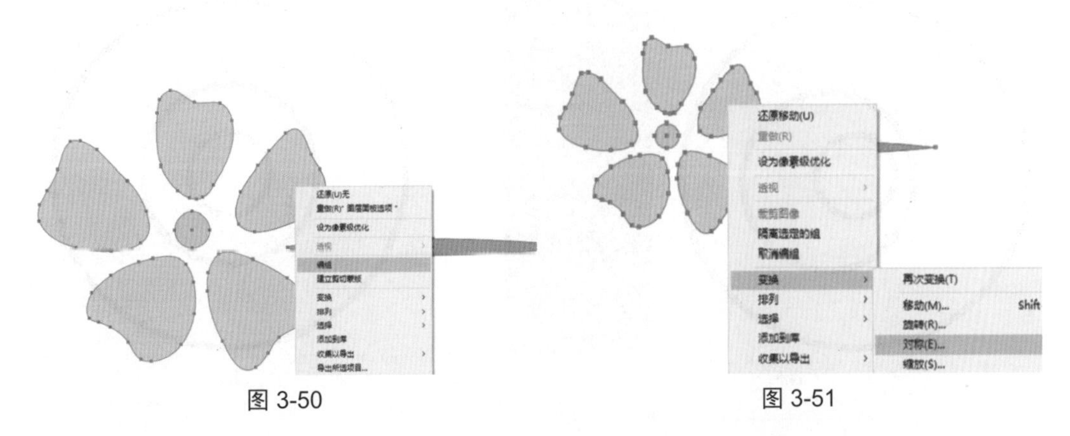

图 3-50　　　　图 3-51

（16）在弹出的“镜像”对话框中进行设置，具体参数如图 3-52 所示。

（17）单击“镜像”对话框中的“确定”命令，得到如图 3-53 所示的效果。

图 3-52

图 3-53

（18）选中镜像后的花朵，使用工具箱中的“旋转工具”对花朵的角度进行变换，如图 3-54 所示。

（19）按住 Alt 键对花朵进行快速复制，并使用“旋转工具”移动角度，效果如图 3-55 所示。

图 3-54

图 3-55

（20）在花朵的周边绘制装饰性图形效果。选中“椭圆工具”绘制三个圆形，如图 3-56（a）所示，选中三个圆形，在“对齐面板”中进行居中对齐，效果如图 3-56（b）所示。

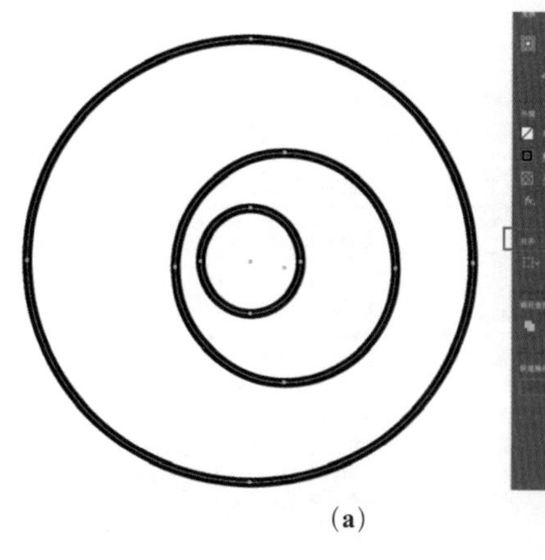
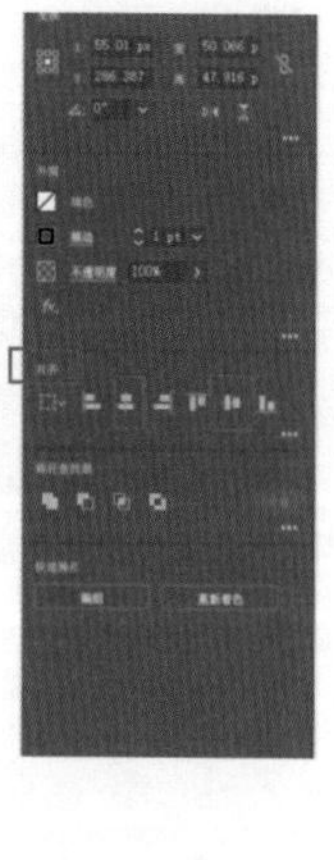

（a）

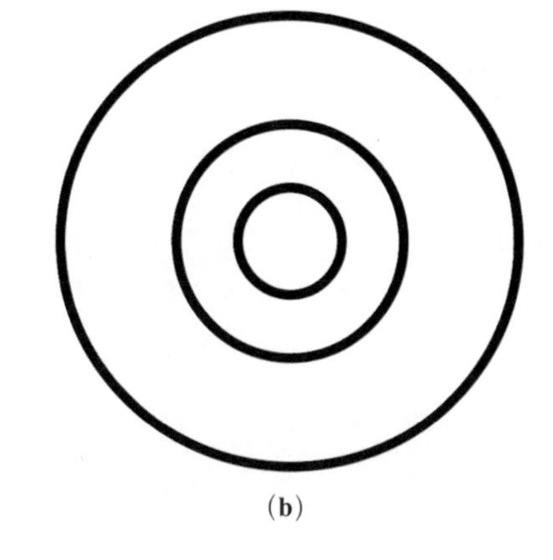

（b）

图 3-56

（21）对三个圆形进行填色，中间的圆形填充白色，其余的两个圆形填充参数如图 3-57 所示。

（22）选中三个圆形图形，单击鼠标右键选择“编组”，如图 3-58 所示。

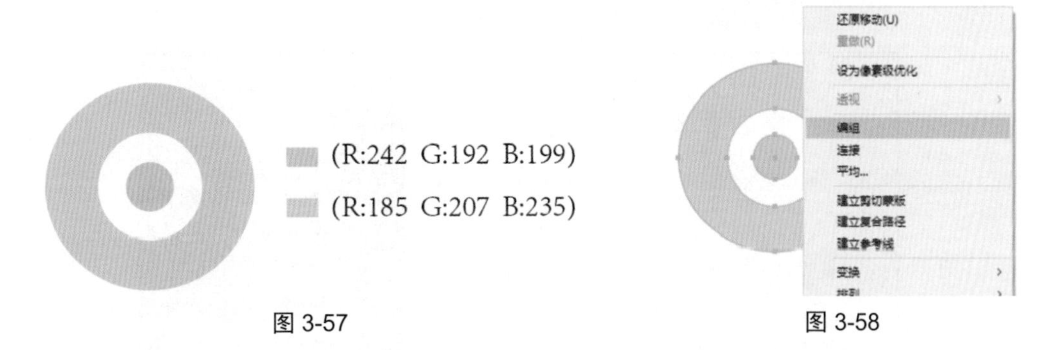

图 3-57　　　　　　图 3-58

（23）打开“画笔”面板，将绘制的图形拖到画板面板中，选中“新建画笔”类型为“图案画笔”，如图 3-59 所示。

图 3-59

（24）在“图案画笔”对话框中进行如图 3-60 所示的设置。

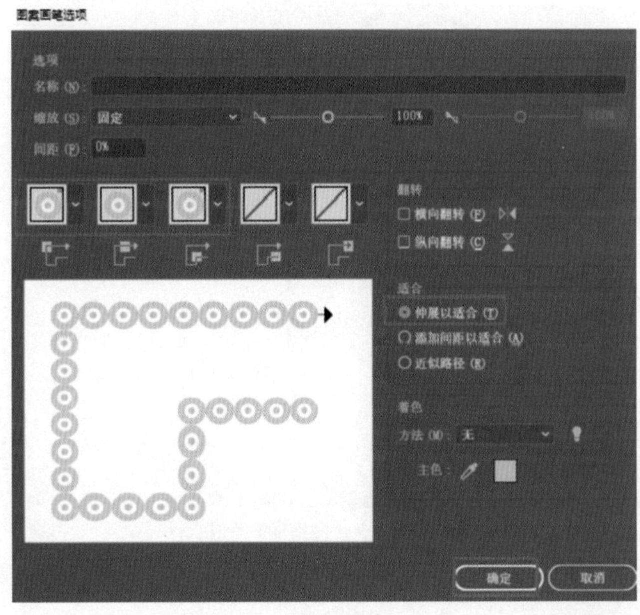

图 3-60

（25）在画板中绘制矩形，单击“画笔”面板中的自定义“图案画笔”，如图 3-61 所示。

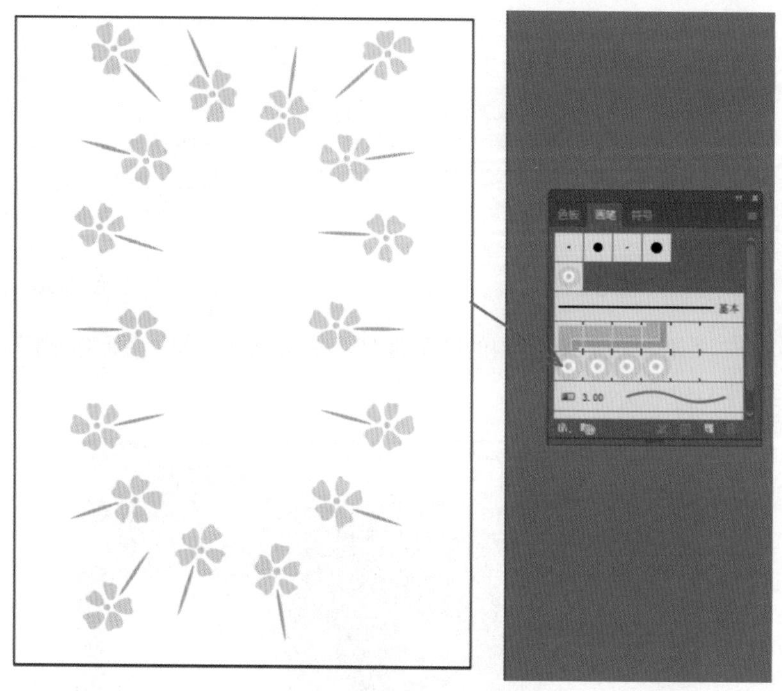

图 3-61

（26）运用了“图案画笔”后的矩形效果如图 3-62 所示，绘制矩形，添加背景颜色，最终效果如图 3-63 所示。

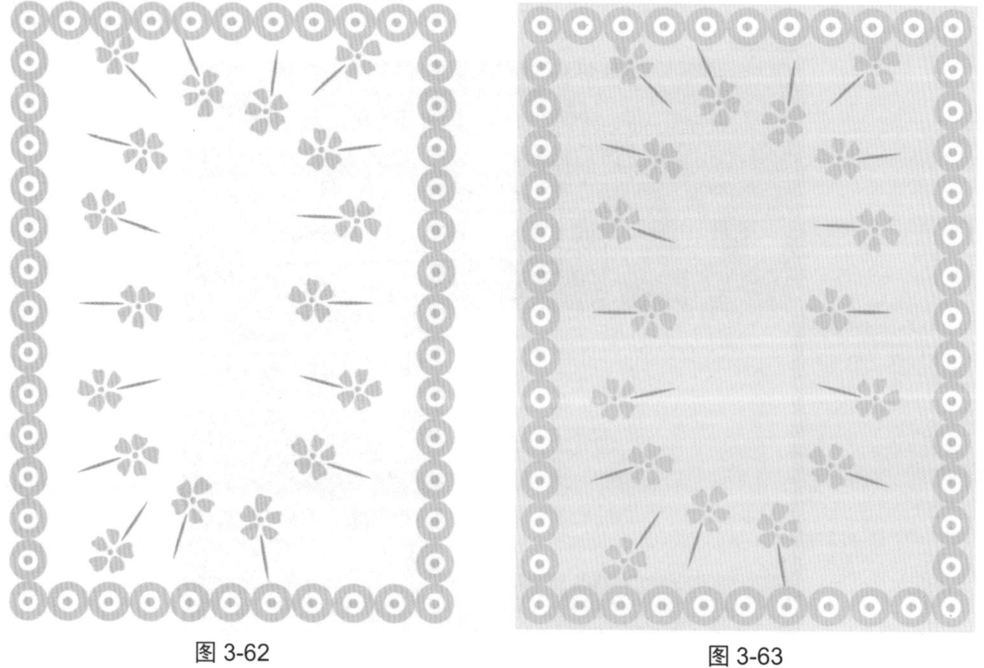

图 3-62　　图 3-63

3.7　项目任务作业

- **作业主题：剪影绘制**
- **完成时间：60 分钟**
- **具体要求：**自己拍摄一张照片，拍摄对象可以是人物、动物、建筑等。借助于钢笔、铅笔工具为照片完成剪影效果的设计，要求剪影轮廓清晰，线条表现流畅，简化设计锚点。

本作业的主要考查知识点：

- 钢笔工具绘图；
- 铅笔工具绘图；
- 路径的编辑。

本章知识点小节

- p*：钢笔初始状态，开始新路径的绘制。
- p：继续路径的绘制。
- Ctrl+p：调出定界框，在外面单击，退出线的编辑。
- p/：钢笔放在路径端点上，单击开始路径的继续绘制。
- Shift+p：绘制水平、垂直、45°的直线。
- p+：在选择的路径上添加锚点。
- p-：钢笔对着锚点单击，删除锚点。

第4章　实时上色及画笔

教学目标

1. 了解将手绘稿置入进行绘图的方式，进一步掌握利用钢笔工具绘制自由曲线的技法。
2. 掌握实时上色功能为对象上色的方式。
3. 了解画笔面板对描线样式的快速改变，了解颜色面板和色板面板存储颜色的方式。
4. 了解 DM 的基本知识。

教学重点和难点

重点：利用钢笔工具绘制断开线段的方法。

难点：对交叉区域的实时上色。

设计时经常遇到素材不足照片或图像合成均无法贴近诉求的情况，因此若有足够能力自行绘制符合设计需求的插图，自然能胜任更多的设计创作，不过比起直接用计算机打草稿，大多数的人还是习惯先画在纸上，本章节讲述如何将手绘稿置入 Illustrator 进行临摹绘图，并利用超便利的实时上色功能为对象上色，以及运用画笔面板快速提升设计稿的变化性以完成画稿的制作。

4.1　置入模板描图

绘制精致的插图，例如写实人像插画、场景物品等，先拍摄实体照片或在纸上绘制好手稿，再输入到计算机中进行描图，是设计师经常使用的方法。这种做法就类似于使用透写台时，下方垫着原稿再进行复刻动作，一方面可确保原稿的完整，另一方面可避免画坏后还要重新绘制原稿，下面我们来看一下如何将图片置入 Illustrator 中以方便描图作业的进行。

（1）准备描图模板用的手稿。

大多数人应该都有随意在纸上涂鸦的经验，由于这是最本能、最直接的绘图方式，因此刚开始接触计算机绘图的读者，若不习惯直接在计算机中构图也没关系，一样可以先绘制好手稿，再扫描进计算机进行后期处理，如图 4-1 所示。

图 4-1

（2）将手稿置入 llustrator 中作为描图模板。

置入模板需要勾选“模板”复选框，图片自动减淡，模板图层不会被打印出来，如图 4-2 所示。

图 4-2

图片置入后，可以利用钢笔工具沿着底图建立路径，练习时可以通过断开路径的方法来进行绘制，利用钢笔路径进行绘制，配合 Ctrl 键点击退出路径的编辑状态，如图 4-3 所示。为了后面的上色方便，轮廓分开绘制，如图 4-4 所示。

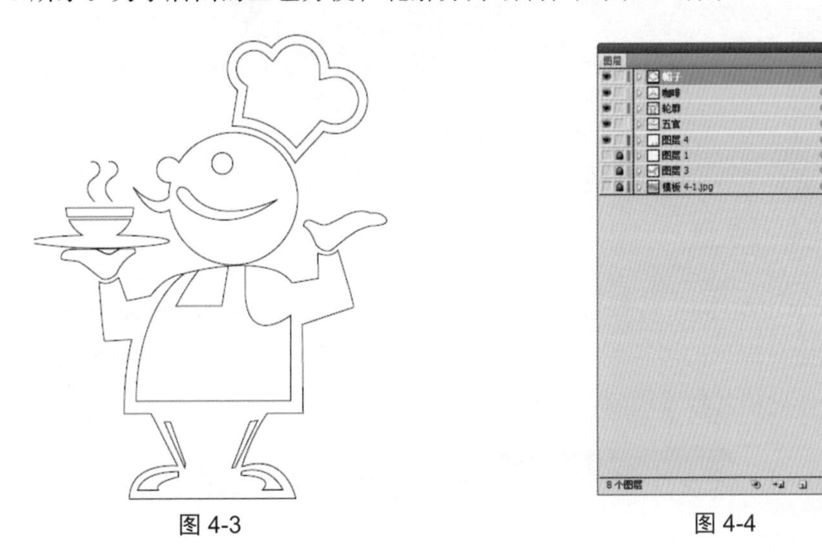

图 4-3　　图 4-4

4.2　实时上色为对象上色

前面介绍过 Illustrator 的基本上色原则，是在同一路径填入描边及填充颜色，因此若是由不同路径交织而成，即使看起来像是封闭区域，对 Illustrator 而言仍是无法选择上色范围。图稿如果是由一条条各自独立的开放路径构成，因此如果直接选择路径并赋予颜色。会产生如下的结果，如图 4-5 所示。

想要在不同路径交叉的面与边上色，需要使用实时上色工具来完成，使用实时上色工具之前，需要选择所有要使用实时上色的路径，然后组成同一个实时上色组。

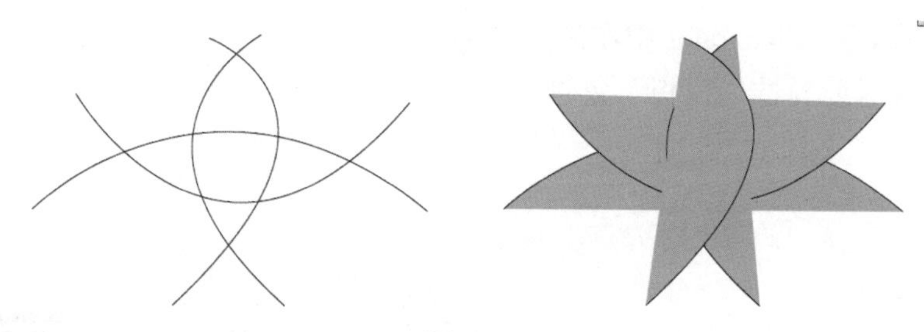

图 4-5

选择对象后执行“对象 > 实时上色 > 建立”命令，也可以将选择的对象组成实时上色编组，如图 4-6 所示。

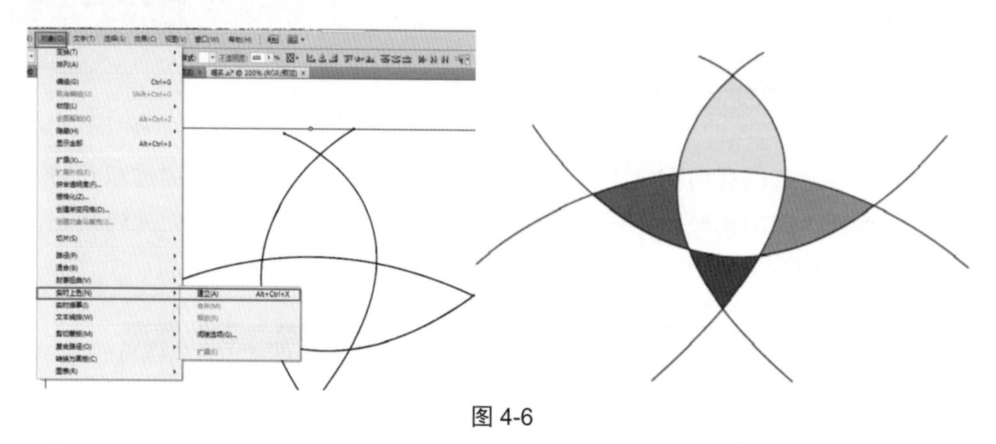

图 4-6

4.3 画笔的建立

在 Illustrator 中绘图时，若想为路径添加丰富多变的笔触，或者精致绚丽的装饰图案，可以利用画笔面板提供的多种画笔样式达到需求。“画笔工具”用于为路径创建特殊风格的描边，下面介绍几种常用画笔，如图 4-7 所示。

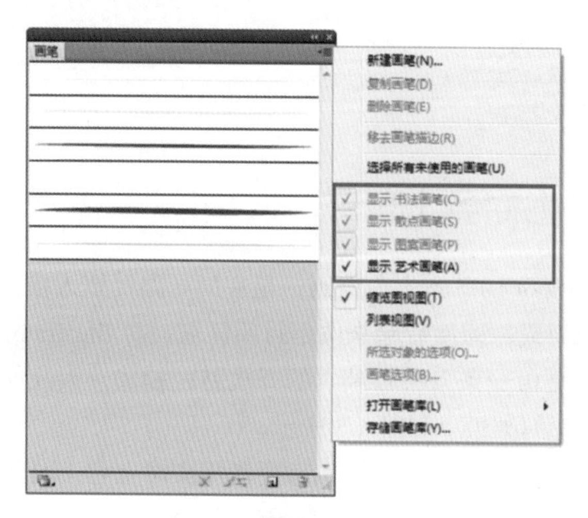

图 4-7

● 图案画笔：绘制一种图案，将该图案沿路径重复拼贴，如图 4-8 所示。

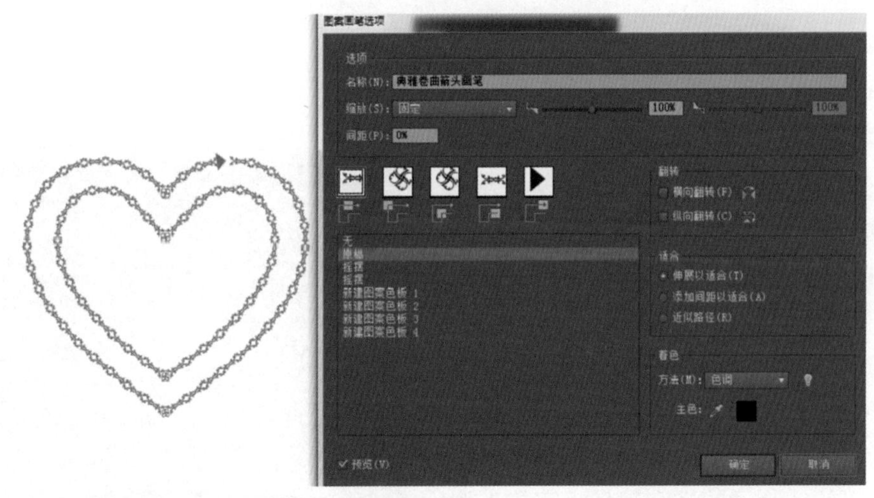

图 4-8

● 散点画笔：将一个对象的许多副本沿着路径分布。
● 艺术画笔：沿路径长度均匀地拉伸画笔形状或对象形状。
● 书法画笔：用于创建类似于书法效果的描边。

选择“画笔”面板菜单中的“打开画笔库”菜单项，可以打开不同风格的画笔库，从而选择多种不同风格的画笔，也可以执行“窗口 > 画笔库”菜单命令，从子菜单中选择一种画笔库打开，如图 4-9 所示。

前面我们所绘制的厨师整体看起来略显生硬，为了使形象更为生动，为轮廓描边应用一种画笔效果，如图 4-10 所示。

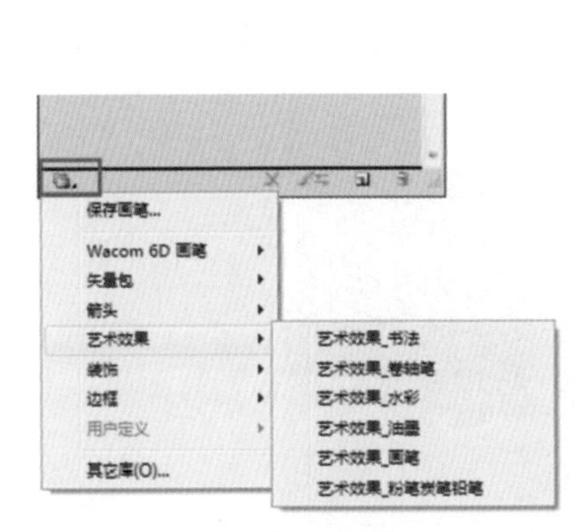

图 4-9

图 4-10

4.4 上色基本案例

4.4.1 案例 1：文字效果设计

本案例通过对文字进行多重上色效果，突出文字的视觉效果，达到吸引客户的视觉诉求。具体设计步骤如下：

（1）新建 A4 大小的横向文档，模式 RGB，如图 4-11 所示。

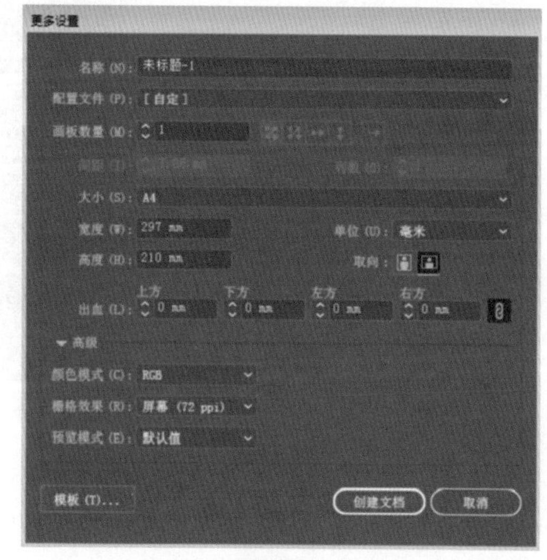

图 4-11

（2）新建一个图层，填充一个背景颜色，参数设置为 (R:92，G:255，B:200)，如图 4-12 所示。

（3）输入合适的文字信息，字体类型选择黑体，具体参数如图 4-13 所示，上面一行文字颜色为白色 (R:255，G:255，B:255)，下面一行文字颜色为黄色 (R:255，G:255，B:20)。

图 4-12

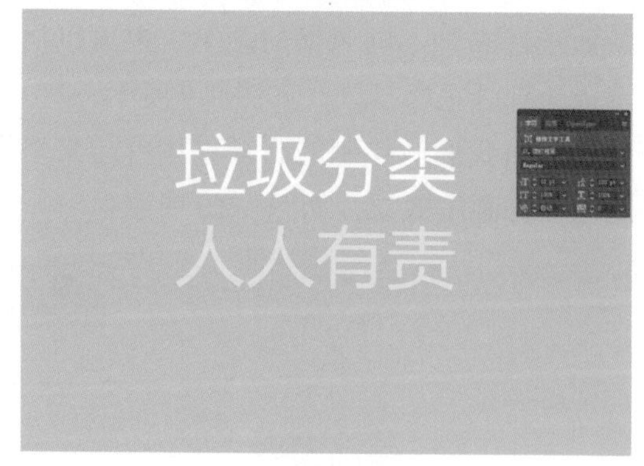

图 4-13

（4）打开“外观”面板，点击面板底部“添加新描边”的图标按钮，如图 4-14 所示。

图 4-14

（5）在“外观”面板中，将描边颜色设置为绿色 (R:0，G:104，B: 55)，粗细设置为 5pt，如图 4-15 所示，会发现描边对填色造成部分遮挡。

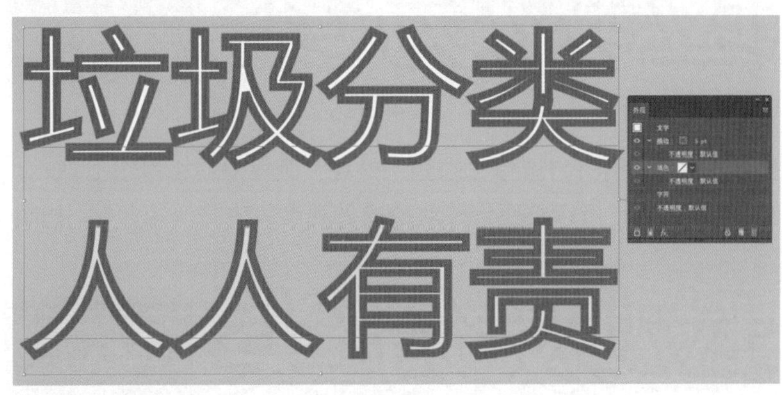

图 4-15

（6）选择“垃圾分类”文字,单击“外观”面板中的“填色”,设置为白色,如图 4-16 所示。

图 4-16

（7）将拖动“颜色”拖动“描边”的上方，如图 4-17 所示。

图 4-17

（8）调节“外观”面板中“描边”的参数为 12，如图 4-18 所示。

图 4-18

（9）“外观”面板中继续添加描边，将“描边”颜色设置白色 (R:255，G:255，B:255)，粗细 20pt，如图 4-19 所示。

图 4-19

（10）选择“垃圾分类”,将鼠标移动到“外观”面板中的小视图上,拖动鼠标到“人人有责”, 如图 4-20 所示, 可以将所选择对象的外观参数进行快速复制, 如图 4-21 所示。

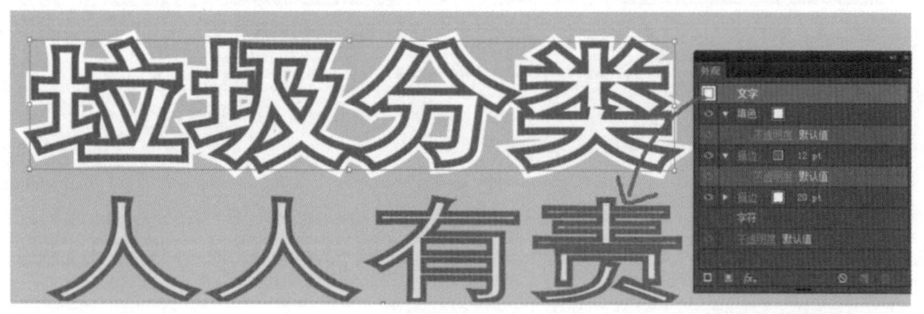

图 4-20

图 4-21

（11）对文字的颜色和大小进行局部调整,轮廓过于尖锐,可以通过点击“描边”属性,选择“圆头端点”“圆角衔接”按钮，让文字变平滑，如图 4-22 所示。

图 4-22

（12）选择“垃圾分类”文字，右键“创建轮廓”，选择“自由变换”工具，按住“Alt+Shift+Ctrl”键的同时拖动鼠标，为“创建轮廓”后的“垃圾分类”做透视效果，如图 4-23 所示。

图 4-23

4.4.2　案例 2：卡通熊猫图形绘制

本案例练习卡通熊猫图形的绘制上色，可以先在稿纸上面绘好草图，再扫描到电脑里面进行设计。具体设计步骤如下：

（1）新建 A4 大小的文件，颜色模式 RGB，具体参数如图 4-24 所示。

（2）将手稿导入到画板中，双击图稿所在图层，勾选“模板”选项，如图 4-25 所示。

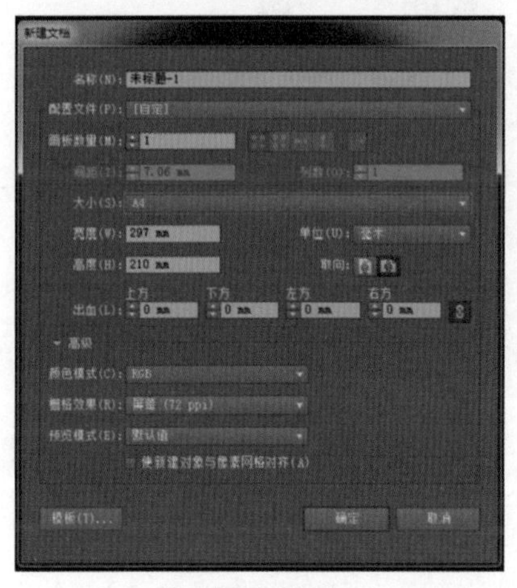

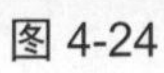
图 4-24

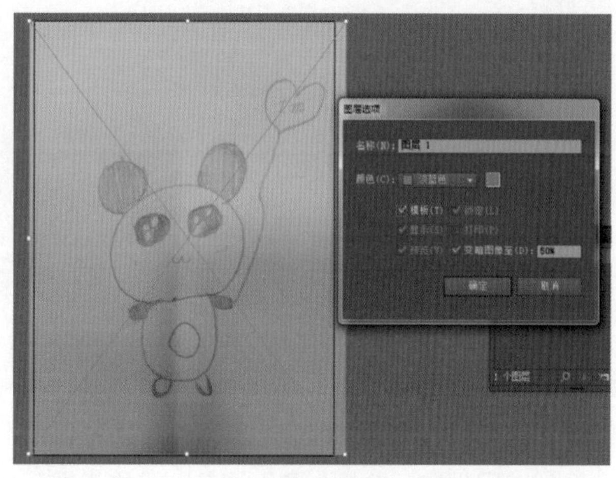

图 4-25

（3）利用“圆形工具”“铅笔工具”绘制出卡通熊猫图形的轮廓，绘图前通过联想的方式绘制基本的圆形，通过“直接选择工具”编辑锚点的方式，对基本图形进行变形，获得不规则的图形效果，卡通图形头部的变形过程如图 4-26 所示。

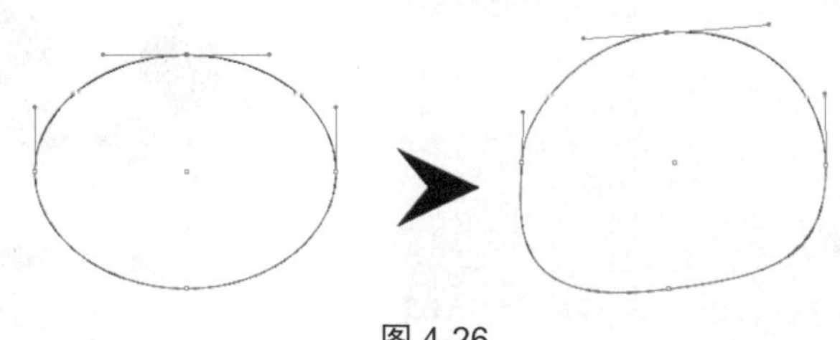

图 4-26

（4）绘制过程中也可以选择“转换锚点工具”更改锚点的方向线，爱心气球的变形过程如图 4-27 所示。

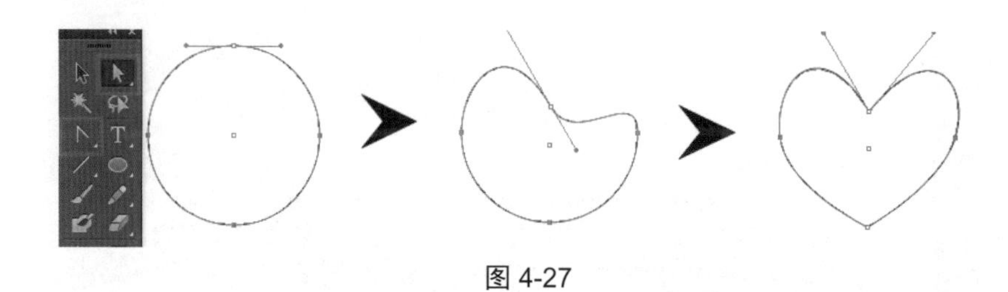

图 4-27

（5）卡通图形其余部分的绘制方式同上，图形轮廓绘制完毕，如图 4-28 所示。

（6）分别选中脸部和身体部分的图形，填充合适的颜色，眼部的高光、鞋子、气球上面的文字可以用画笔来绘制，如图 4-29 所示，适当调整画笔的描边粗细。

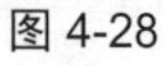

图 4-28

图 4-29

（7）卡通图形的线条显得呆板，可以通过更改线条的样式来实现，选中所有保留描边的图形，打开“画笔库面板”中的“书法画笔”，选中 3 点扁平效果，如图 4-30 所示。

（8）根据实际效果，可以调节“描边粗细”参数，运用 3 点扁平样式的卡通效果如图 4-31 所示。

图 4-30

图 4-31

4.4.3　案例 3：卡通西瓜图形绘制

本案例练习卡通西瓜图形的绘制上色，先在稿纸上面绘好草图，再扫描到电脑里面进行设计。具体设计步骤如下：

（1）设置文件大小为 A4，颜色模式 RGB，具体参数如图 4-32 所示。

（2）在稿纸上绘制一个西瓜图形，如图 4-33 所示，导入设计草图，将所在图层设置为“模板”图层，如图 4-34 所示。

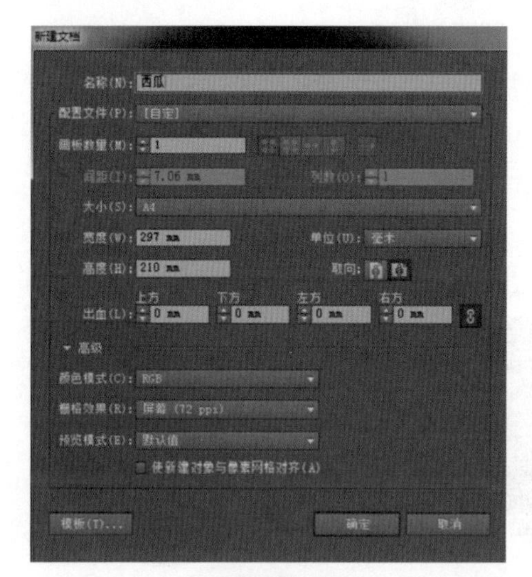

图 4-32

图 4-33

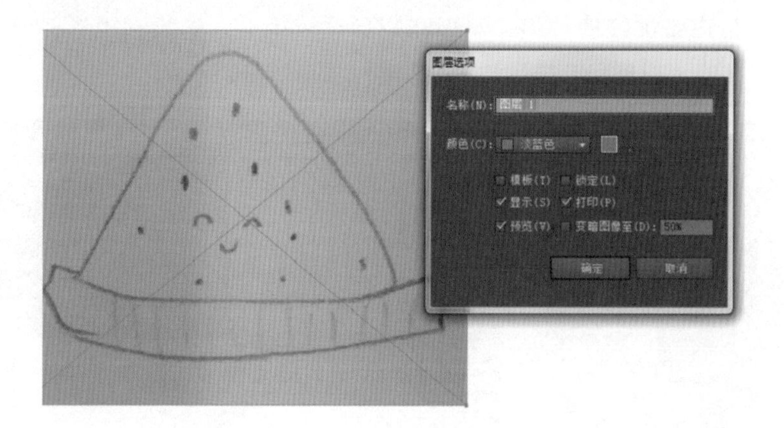

图 4-34

（3）观察西瓜皮部分，和矩形比较接近，由于矩形默认为四个锚点，需要借助于“钢笔工具”添加锚点，配合“转换锚点”工具对矩形进行变形，过程如图 4-35 所示。

（4）切开的西瓜瓜瓤部分接近三角形，单击“多边形工具”，将“边数”设置为 3，绘制三角形，选择“转换锚点”工具并拖动，调出方向线，用“直接选择工具”对方向线进行微调，获得不规则瓜瓤造型，如图 4-36 所示。

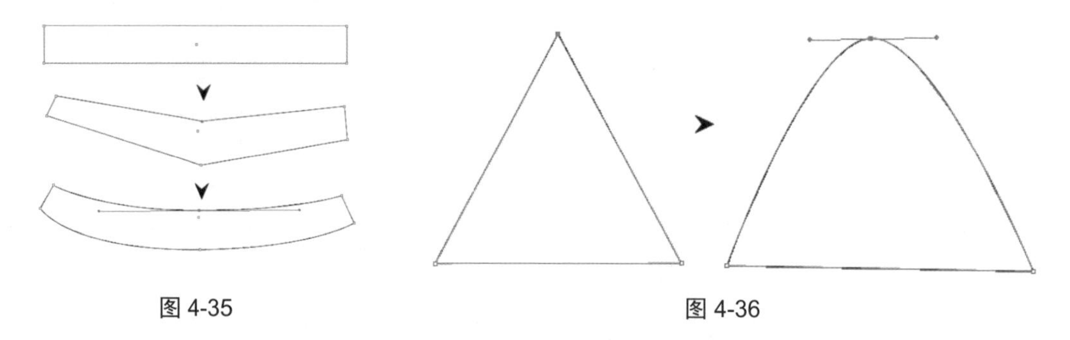

图 4-35　　　　图 4-36

（5）为西瓜皮和西瓜瓤填充合适的颜色，调整到合适的大小，如图 4-37 所示。

（6）利用“铅笔工具”绘制西瓜子并填充黑色，“画笔工具”设置灰色描边，在西瓜子上添加高光效果，为了方便选择，将西瓜子的图形和高光部分全部选中，按住 Ctrl+G 编组，如图 4-38 所示。

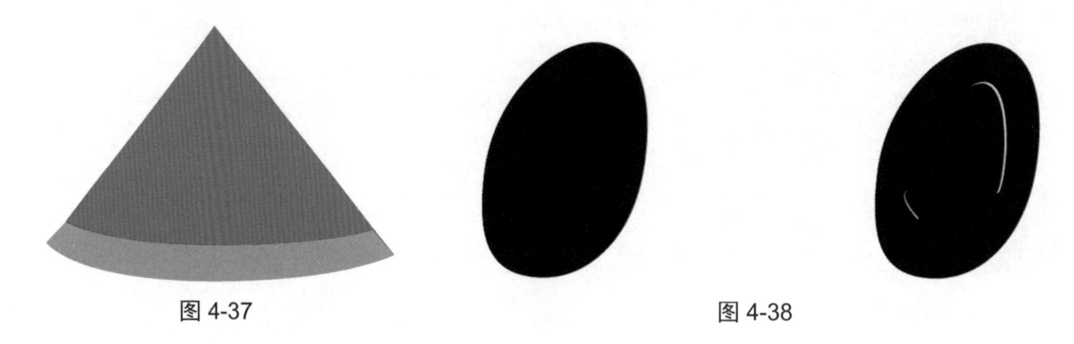

图 4-37　　　　图 4-38

（7）为西瓜皮添加纹理效果，纹理和矩形比较接近，先绘制矩形并填充深绿色，选择“效果”菜单“扭曲和变换”>“粗糙化”，如图 4-39 所示。

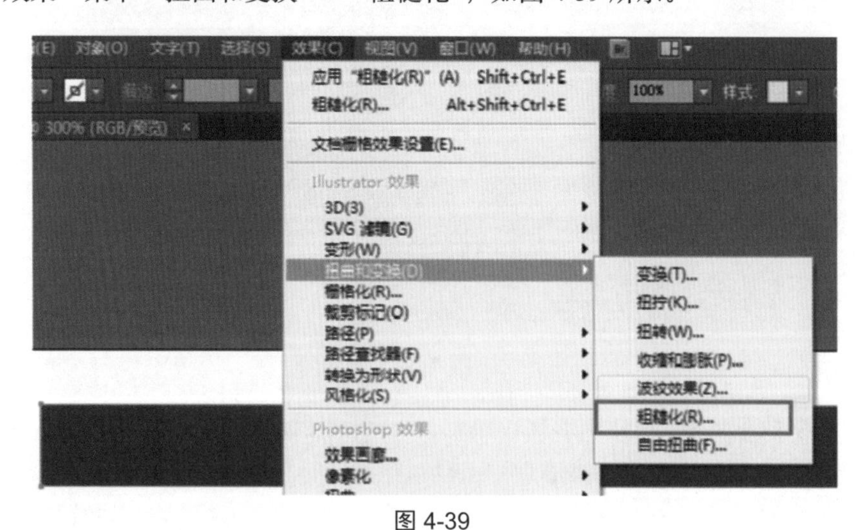

图 4-39

（8）对“粗糙化”面板中的参数进行设置，选择“平滑点”的效果，让纹理效果柔和，如图 4-40 所示。

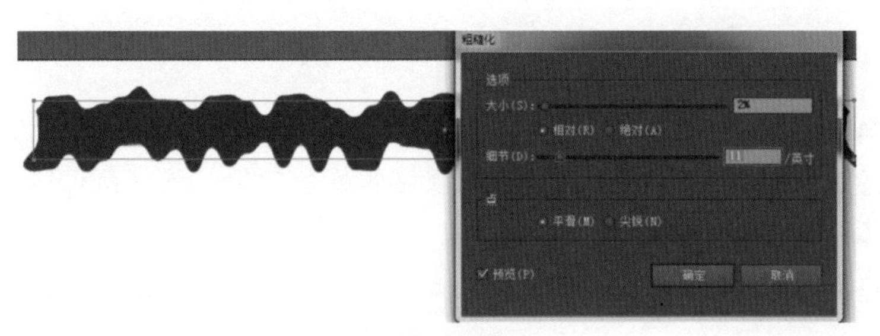

图 4-40

（9）由于西瓜皮带有一定的弧度，需要将纹理进行变形，可以参照西瓜皮的画法，为粗糙化设置的纹理添加锚点，如图 4-41 所示。

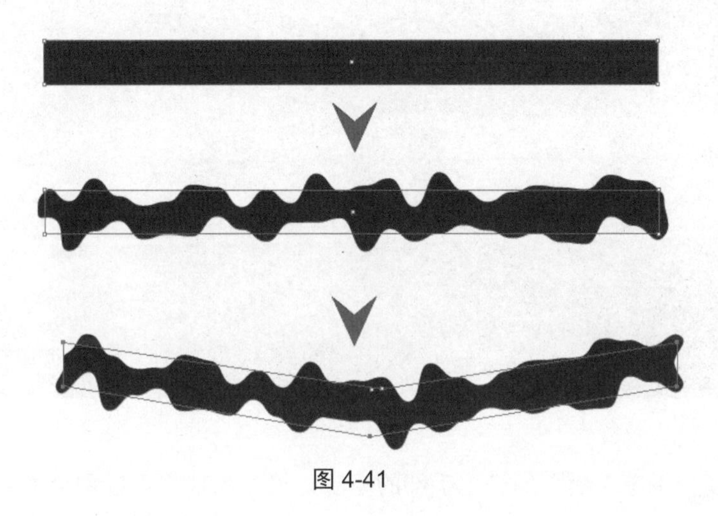

图 4-41

（10）将西瓜皮纹理移动到西瓜皮上，借助“直接选择工具”调整锚点位置，为了让西瓜皮纹理与西瓜皮融合更为自然，调节“透明度”面板中的混合模式效果，如图 4-42 所示。

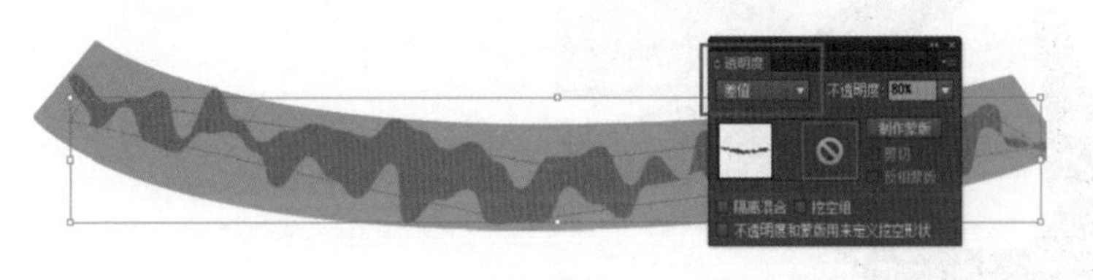

图 4-42

（11）将西瓜子复制多个放到西瓜瓤上，调节大小和方向，最终效果如图 4-43 所示。

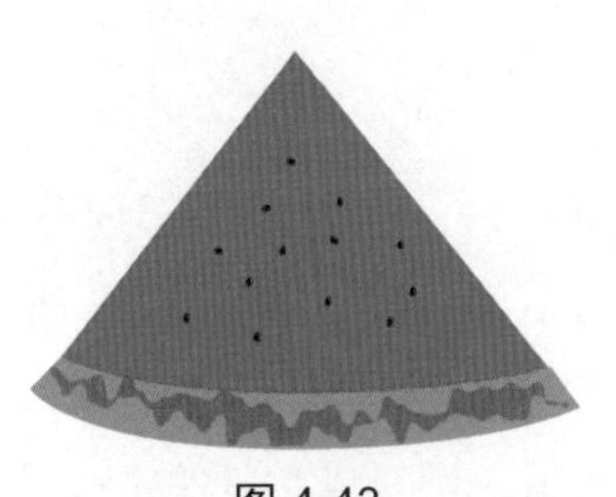

图 4-43

4.4.4 案例 4：爱心手绘制上色

本案例练习爱心手绘制上色，颜色比较丰富，利用“钢笔工具”和“线条工具”完成手部的绘制，借助实时上色填充不同区域的颜色效果，该案例可以用在公益宣传广告中，具体设计过程如下：

（1）新建文件大小为 A4，颜色模式 CMYK，分辨率 300，如图 4-44 所示，将画布调整为横向。

图 4-44

（2）利用“钢笔工具”勾勒出手部的轮廓，拐角的地方可以配合 Alt 键来控制线条的走向，如图 4-45 所示，单击“路径查找器”面板中的“差集”按钮，添加一个填充色，变成复合路径，如图 4-46 所示。

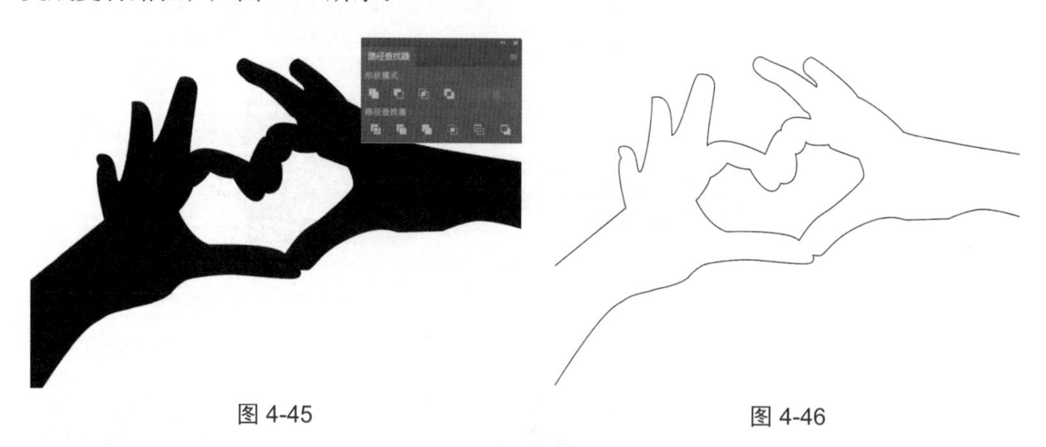

图 4-45　　图 4-46

（3）为了让手部的颜色丰富一些，需要对手部划分区域，将手部设置为黑色描边，无色填充，利用“线条工具”为手部划线，如图 4-47 所示。

（4）选中手部路径，选择“实时上色工具”，或者直接选择快捷键，切换到“实时工具”状态，将鼠标挪动到图形周围单击，建立实时上色组，如图 4-48 所示。

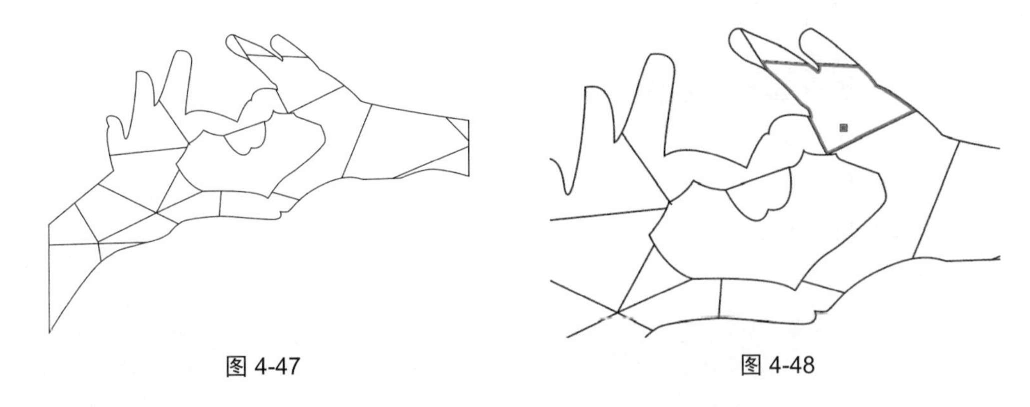

图 4-47　　　　图 4-48

（5）通过对不同区域的上色，获得如图 4-49 所示的效果。

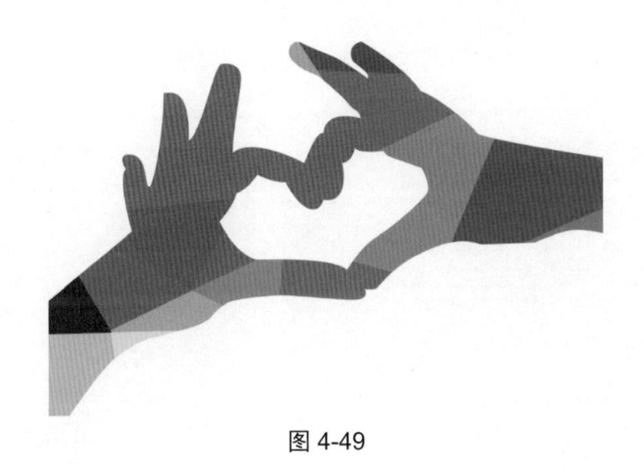

图 4-49

4.5　了解 DM 广告

DM是英文Direct Mail advertising的省略表述，直译为“直接邮寄广告”，即通过邮寄、赠送等形式，将宣传品送到消费者手中、家里或公司所在地。也有人将其表述为 Direct Magazine advertising（直投杂志广告）。

DM 广告可按传递方式分为以下四类：

（1）作为报刊夹页。与报社、杂志社或当地邮局合作，将企业广告作为报刊的夹页随报刊投递到读者手中，这种方式已为不少企业所采用。

（2）专门信件寄送。例如对于大宗商品买卖，特别是从厂家到零售商，从批发商到零售商，可用顾客名录进行寄送。又如杂志社或出版社针对目标客户寄送征订单。

（3）随定期服务信函寄送。如商业银行针对信用卡客户，每月随对账单寄送相应广告。

（4）雇佣人员派送。行业雇佣人员，按要求直接向潜在的目标顾客本人或其住宅、单位派送 DM 广告。例如大型超市针对附近小区居民定期派送优惠商品目录、房地产销售商雇人派送宣传资料、小区会所请物业人员派送宣传信函等。

4.6 项目任务作业

➢ 作业主题：DM 广告创意练习

➢ 完成时间：120 分钟

➢ 具体要求：

（1）设计图稿大小根据实际需要来制定。

（2）突出 DM 广告的诉求。

（3）鼓励学生进行创意发挥，广告主体部分的设计必须用矢量图来表现。

（4）文字部分可以结合 PS 来进行设计表现，也可以自己安装字体。

（5）用 word 写出 DM 广告的设计主题、受众群体、呈现方式、设计理念，要求语言通顺，表述详细，设计格式参照表 4-1。

表 4-1 DM 设计说明

设计主题	
受众群体	
呈现方式	
设计理念	

本作业的主要考查知识点：

- 灵活线条的绘制运用；
- 实时上色的基本方法；
- DM 广告的创意设计效果。

第 5 章　图形组合与渐变上色

教学目标

1. 掌握美工刀、橡皮擦工具的使用，能灵活运用路径查找器面板对形状进行组合。
2. 掌握渐变面板和渐变工具的使用。
3. 了解请柬设计的基本知识。

教学重点和难点

重点：路径查找器面板对图形的组合运用，渐变上色的方式。

难点：渐变上色的技巧。

仔细观察生活中的物品，大多数是由基本的形状所构成，例如笔是由矩形与三角形组成的，手机外形是由矩形或圆角矩形组成的。因此在绘制这类物品时，若先建立基本形状，再分割或相加成对象的形状，会比直接绘制更快，更高效。

5.1　运用路径工具分割路径

5.1.1　美工刀工具切割封闭路径

美工刀工具可以将闭合路径切割成两个独立的闭合路径。选取“美工刀工具”后将光标移到要切割的闭合图形上，按下左键并拖动鼠标，释放鼠标后可以沿着光标的移动轨迹将闭合路径切割为两个独立的部分，如图 5-1 所示。

（1）“美工刀”工具不要用于开放路径的切割，不然生成的是闭合路径，而不是开放路径了。

（2）在使用“美工刀工具”时，先按住 Alt 键，再按下左键并拖动鼠标，可以使光标的运动轨迹为直线。

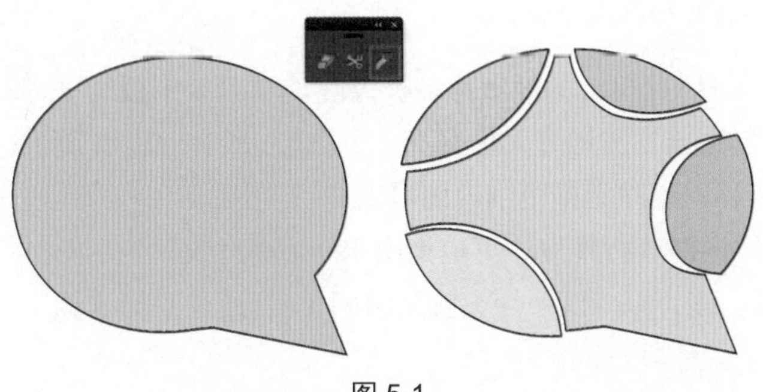

图 5-1

5.1.2 剪刀工具剪断路径

Illustrator 工具箱中剪刀工具的主要功能是剪断路径，该工具可以应用于开放路径和闭合路径。

（1）如果使用“剪刀工具”在闭合路径上单击，就可以使该路径变为开放路径，并且开放路径的终点和起点在单击点处重叠，如图 5-2 所示。

（2）如果使用“剪刀工具”在开放路径上单击，则可以将该路径剪断成两个独立的开放路径，而两条路径的每个端点在单击点处彼此相互重叠，如图 5-3 所示。

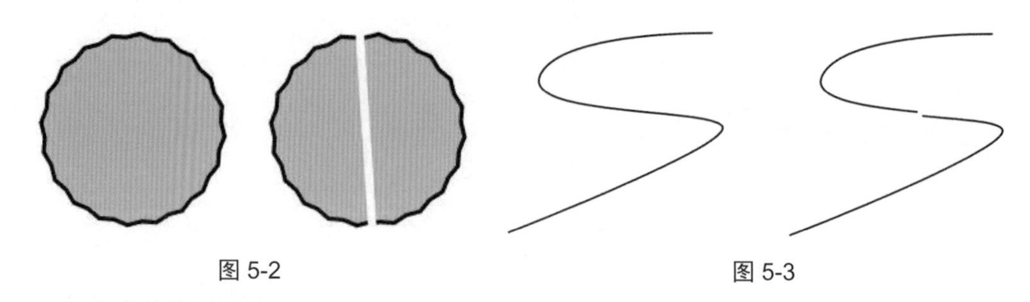

图 5-2　　图 5-3

（3）使用“剪刀工具”的功能是将路径剪成两端，如果位置不在某一路径上或在路径端点上，单击鼠标后会弹出一个警告对话框，提示用户只能在路径的区段或非末端锚点上使用“剪刀工具”，如图 5-4 所示。

图 5-5 所示的图形通过“剪刀工具”剪掉多余的路径，通过上色后的效果图可以看到断开路径的颜色变化。

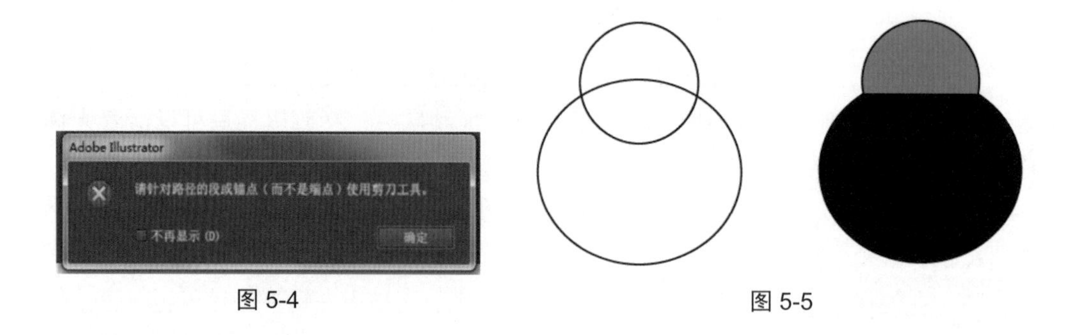

图 5-4　　图 5-5

5.1.3 橡皮擦工具擦除拖曳区域

使用“橡皮擦工具”拖曳过的区域都会被擦除。当对象未被选中，使用“橡皮擦工具”在图稿上拖动擦拭，擦拭过的地方无论叠加多少图层，都会一起被删除（复合形状除外）。当选择了对象，可以只擦除选择范围内的对象。

按住 Shift 键的同时进行拖曳，可拖曳出水平 / 垂直线。

如图 5-6 所示，图（b）和图（c）就是由图（a）通过“橡皮擦工具”来制作的。

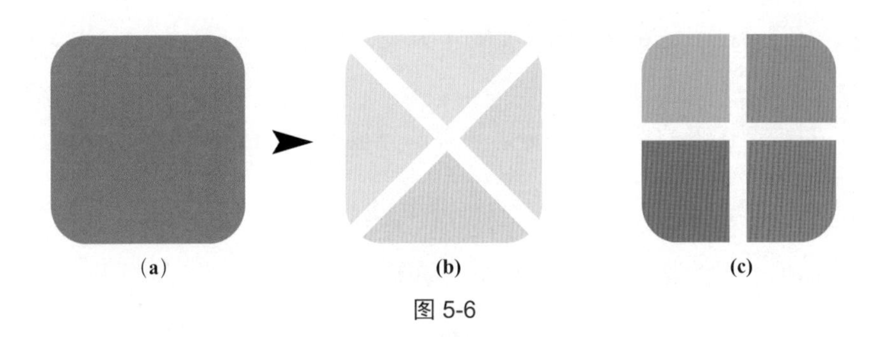

(a)　(b)　(c)

图 5-6

5.2 "路径查找器"面板组合图形

Illustrator 中"路径查找器"面板包含了功能非常强大的路径编辑命令。用户可以通过"路径查找器"面板选择不同的运算方式，从而得到样式特别的对象。这给用户在设计工作中提供了很大的帮助，简化了某些情况下的绘图过程，提高了工作效率，也扩展了图形设计的思路。

执行"窗口 > 路径查找器"菜单命令，可以打开"路径查找器"面板，如图 5-7 所示。

图 5-7

5.2.1 "路径查找器"面板

"路径查找器"面板中按钮的外观很形象，比较容易辨认，可以将这些按钮分成两组，即"形状模式"和"路径查找器"，每个按钮所代表的功能如下：

联集：将选中的多个图形合并成为一个图形，合并后轮廓线及其重叠的部分融合在一起，最前端对象的颜色决定了合并后对象的颜色，如图 5-8 所示。

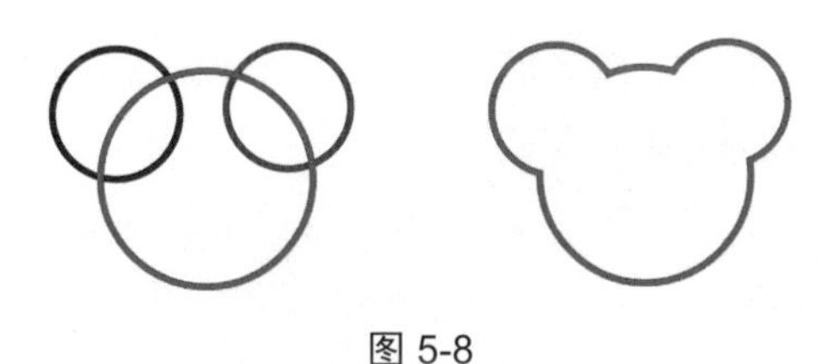

图 5-8

减去顶层：用最后面的图形减去它前面的所有图形，可以保留后面图形的填色和描边，如图 5-9 所示。

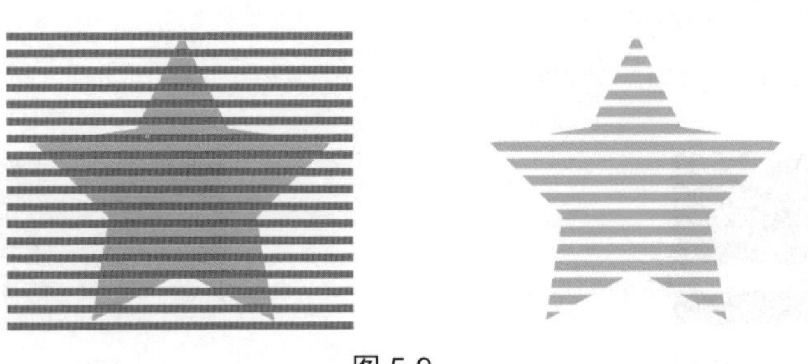

图 5-9

交集：只保留图形的重叠部分，删除其他部分，重叠部分显示为最前面图形的填色与描边。

差集：只保留图形的非重叠部分，重叠部分被挖空，最终的图形显示为最前面图形的填色和描边。

分割：对图形的重叠区域进行分割处理，使其成为单独的图形，分割后的图形可保留原图形的填色与描边，并且自动编组，如图 5-10 所示。

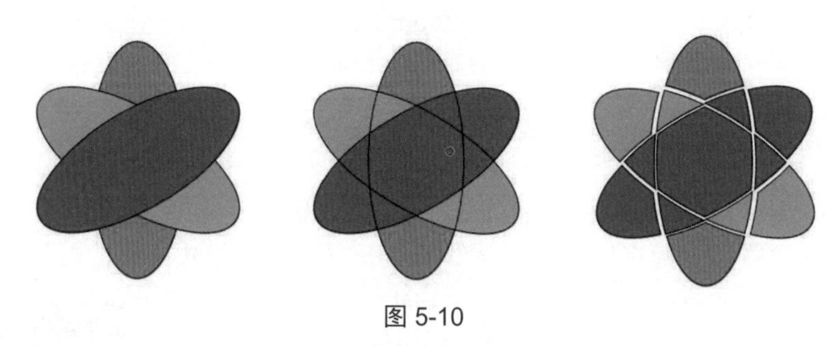

图 5-10

修边：将后面图形与前面图形叠加的部分删除，保留对象颜色。

合并：不同颜色的图形合并后，最前面的图形保持形状不变，与后面图形重叠部分将被删除。

裁剪：只保留图形的重叠部分，最终的图形无描边，并显示为最后面图形的颜色。

轮廓：只保留图形的轮廓，轮廓的颜色为它自身的填色。

减去后方对象：用最前面的图形减去它后面的所有图形，保留最前面图形的非重叠部分及描边与填色。

5.2.2 复合形状

在“路径查找器”面板中，最上面一排是“形状模式”按钮。单击这些按钮，即可组合对象并且改变其图形结构。

“复合形状”是一种由两个或更多路径组成的可编辑对象，在复合图形中可以包括复合路径、文本、混合等对象。

可以使用“编组选择工具”单独选取复合图形中的各个组合对象。

使用“路径查找器”面板中的形状模式按钮命令，按住 Alt 键并单击相应的按钮，则可以创建复合形状。复合形状能够保留原图形的各自轮廓，因而它对图形的处理是非破坏性的，如图 5-11 所示。

创建复合形状后，单击“扩展”按钮，可以删除多余的路径，如图 5-12 所示。

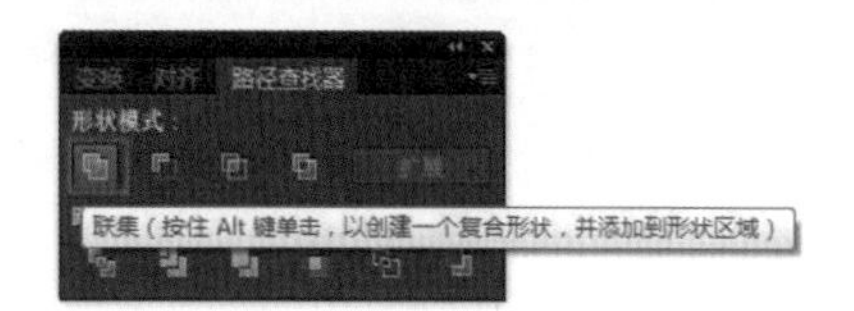

图 5-11

图 5-12

如果要释放复合形状，即将原有的图形重新分离出来，可以选择对象，打开“路径查找器”面板菜单，选择其中的“释放复合形状”即可，如图 5-13 所示。

如图 5-14 所示，在图（a）中选择上方矩形，运用“对象 > 路径 > 分割下方对象”命令，得到图（b）效果。

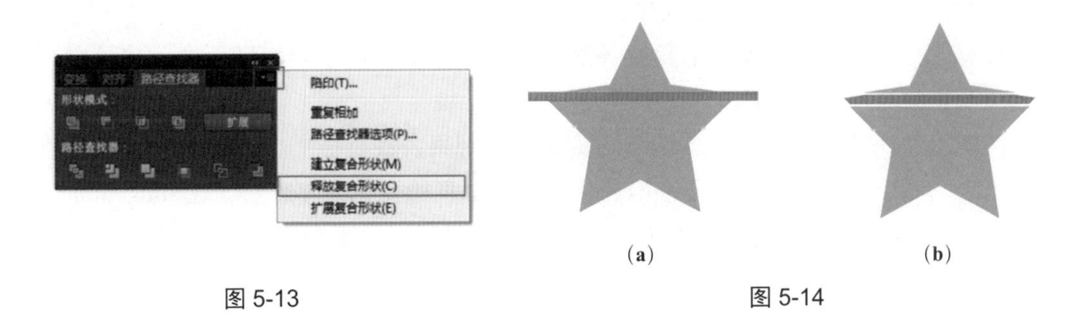

图 5-13　　　　图 5-14

5.3　渐变上色

渐变不同于单色填充，可以创建两种或多种颜色相互平滑过渡的填色效果，各种颜色之间可以非常自然地衔接，过渡效果十分流畅，可以通过渐变上色的方法模拟各种材质的反光效果，让作品更为立体光泽。

填充渐变色的基本步骤：

（1）从工具箱中或色板面板中应用一种渐变面板，如图 5-15 所示。

（2）在“渐变面板”中设置渐变的类型与颜色，如图 5-16 所示。

（3）利用“渐变工具”调整渐变的方向，如图 5-17 所示。

渐变面板中的各个部分如图 5-18 所示。

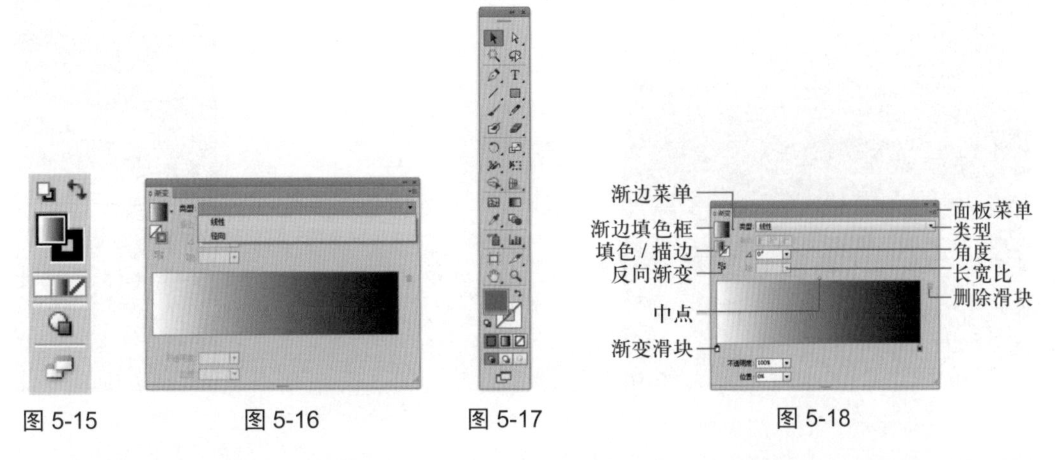

图 5-15　　图 5-16　　图 5-17　　图 5-18

渐变面板：选择一个图形对象，单击工具面板底部的渐变按钮，即可为它填充默认的黑白线性渐变。

渐变填色框：显示了当前渐变的颜色，单击它可以用渐变色填充当前选择的对象。

渐变菜单：单击类型下拉按钮，可在打开的下拉菜单中选择一个预设的渐变。

类型：在该选项的下拉列表中可以选择渐变类型，包括线性渐变、径向渐变。

反向渐变：单击按钮，可以反转渐变颜色的填充顺序。

描边：如果使用渐变色对路径进行描边。

角度：用来设置线性渐变的角度。

长宽比：填充径向渐变时，可在该选项中输入数值，以创建椭圆渐变，也可以修改椭圆渐变角度来使其倾斜。

在使用渐变功能时，最重要的技巧就是仔细观察各种材质的光影变化，再以颜色模拟出来。对于初学者来说，要准确抓住光线和颜色的变化并不容易，在 Illustrator 色板面板中使用库中的渐变色板，通过对已有渐变色进行调节更为便捷。

5.4 基本图形组合案例

5.4.1 案例 1：节能灯具设计

本案例设计的是一个节约能源为主题的照明灯具，设计效果可以用作公益宣传。使用“基本图形工具”组合绘图，借助灯具和小树的造型组合实现特殊的融合效果。具体设计过程如下：

（1）新建画板大小 800px × 800px，颜色模式 RGB，分辨率 72，如图 5-19 所示。

（2）绘制一个与画板大小一致的矩形，填充背景颜色（R:255,G:241,B:46），如图 5-20 所示。

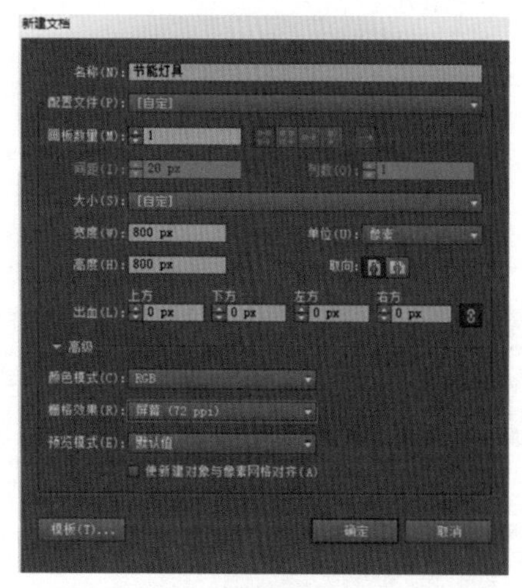

图 5-19

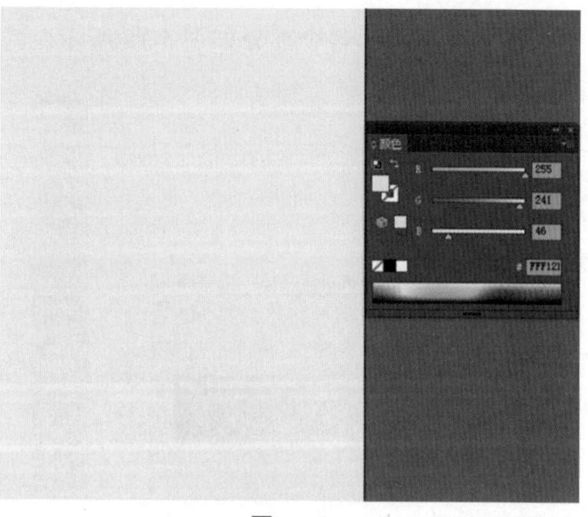

图 5-20

（3）利用“圆角矩形工具”和“矩形工具”绘制如图 5-21 所示的图形，选择图形，单击“路径查找器”面板中的“减去顶层”命令，获得如图 5-22 所示的图形效果。

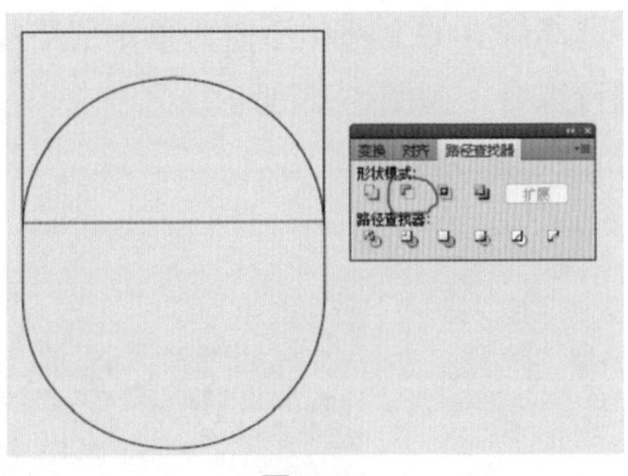

图 5-21

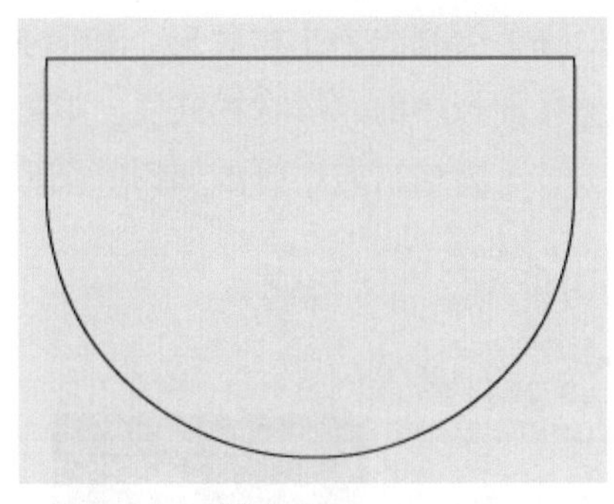

图 5-22

（4）绘制两个圆角矩形，如图 5-23 所示，在底部添加一个圆角矩形，选中所有的图形，单击“路径查找器”面板中的“形状模式”>“联集”进行组合，得到如图 5-24 所示的效果。

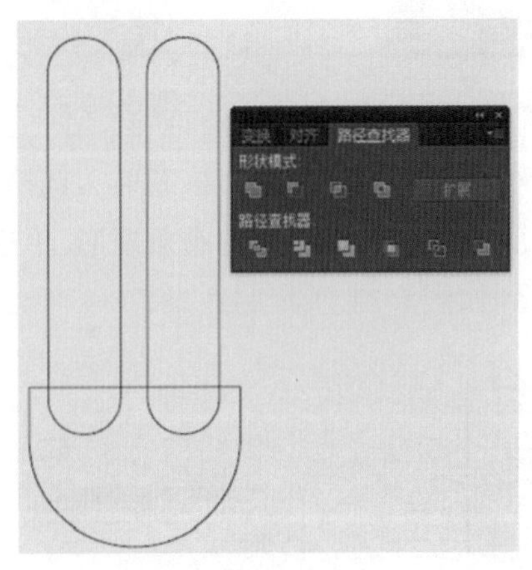

图 5-23

图 5-24

（5）选择“直线段工具”，在灯具的下方绘制一条直线，单击“路径查找器”面板中的“分割”，如图 5-25 所示，将图形进行分成上下两个部分，利用“编组选择工具”选择上下两个部分分别进行填色，底部添加纹路，效果如图 5-26 所示。

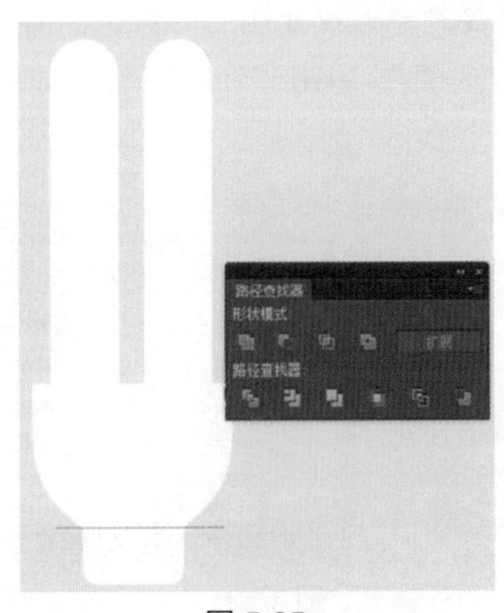

图 5-25

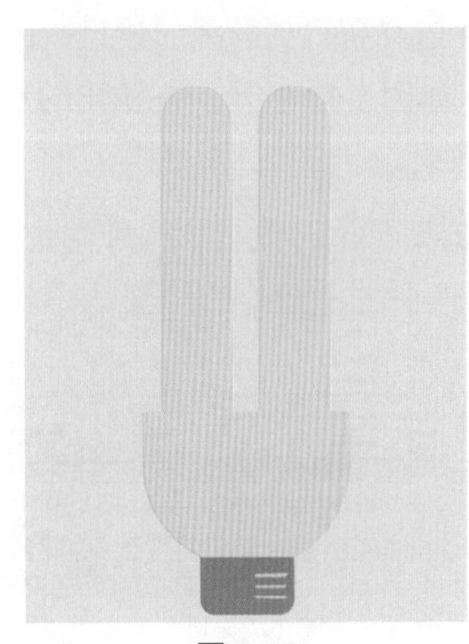

图 5-26

（6）绘制一个小树图形，如图 5-27 所示，选择灯具的上部和小树，单击“路径查找器”面板中的“形状模式”>“减去顶层”进行组合，如图 5-28 所示。

（7）为绘制的小树添加树叶图形做点缀，如图 5-29 所示。

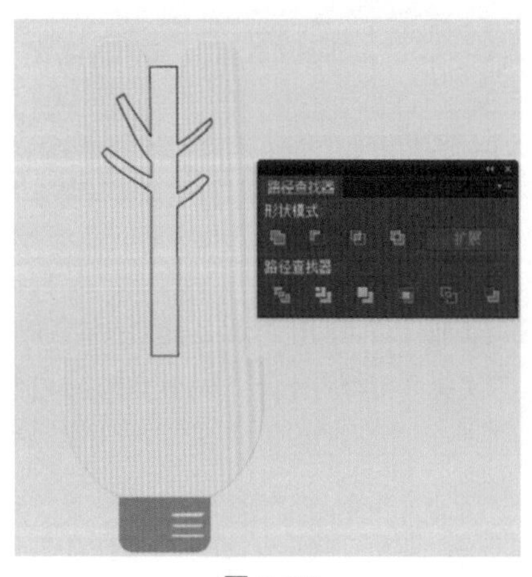

图 5-27

图 5-28

图 5-29

（8）新建一个文件，大小 800px × 800px，背景颜色同上，绘制耳机图形。选择“圆角矩形工具”和“直线段工具”，绘制如图 5-30 所示的效果。选择直线和圆角矩形，单击“路径查找器”面板中的“分割”进行图形分割，得到如图 5-31 所示的效果。

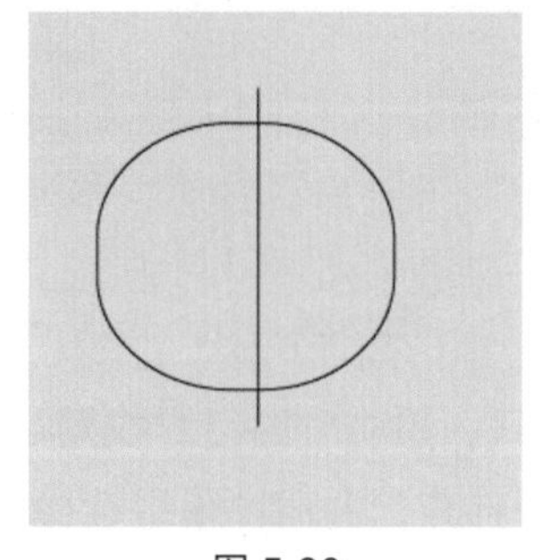

图 5-30

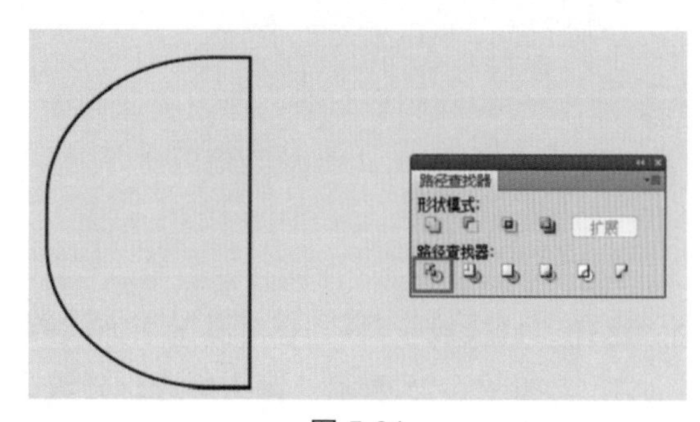

图 5-31

（9）选择所得到的图形效果，按住 Alt 键拖动复制，选择复制后的对象，单击右键“对称”，如图 5-32 所示。在跳出的对话框中选择“垂直”，单击“确定”，得到如图 5-33 所示的效果。

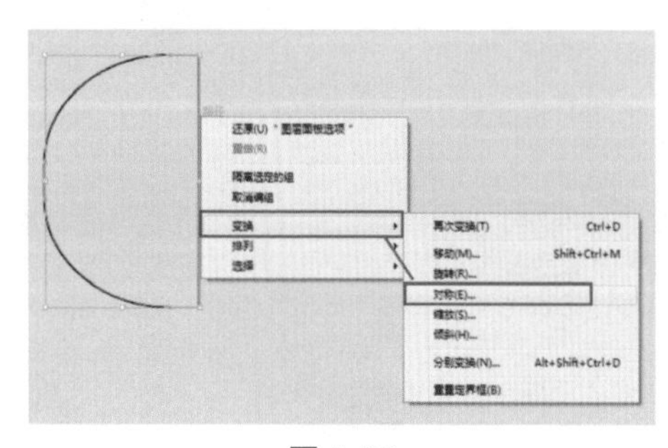

图 5-32

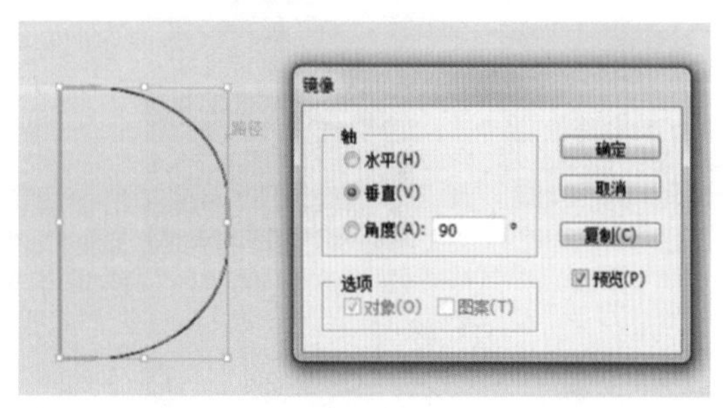

图 5-33

（10）绘制两个圆形，如图 5-34 所示。选中绘制的两个圆形，单击“路径查找器”面板中的“形状模式”>“减去顶层”进行组合，得到如图 5-35 所示效果。

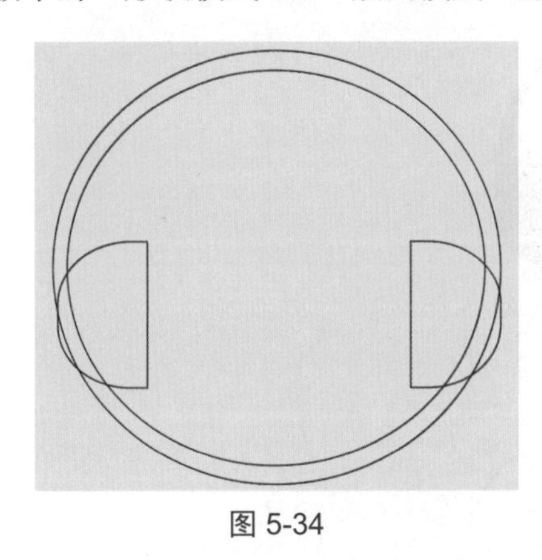
图 5-34

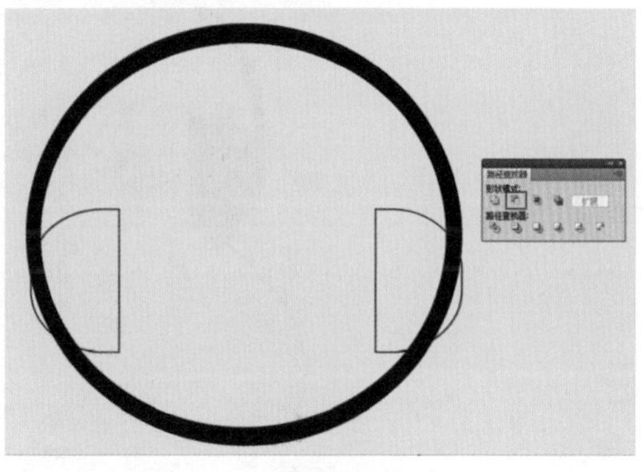
图 5-35

（11）在如图 5-36 所示的路径部分添加锚点，删除圆环形下半部的锚点，借助于“钢笔工具”将路径闭合，得到如图 5-37 所示的效果。

图 5-36

图 5-37

（12）利用“钢笔工具”和“圆形工具”绘制耳机的其余部分，如图 5-38 所示。

（13）让耳机线线条更流畅，选中耳机线，单击“画笔面板”中的“3 点扁平”书法效果，得到如图 5-39 所示的效果。

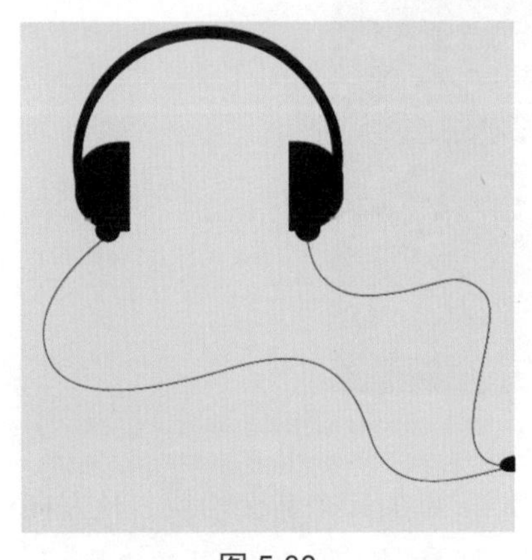
图 5-38

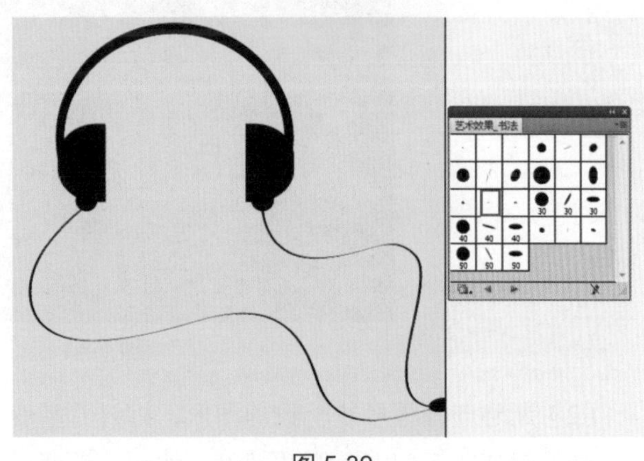
图 5-39

（14）将耳机图形和灯泡图形进行组合，最终效果如图 5-40 所示。

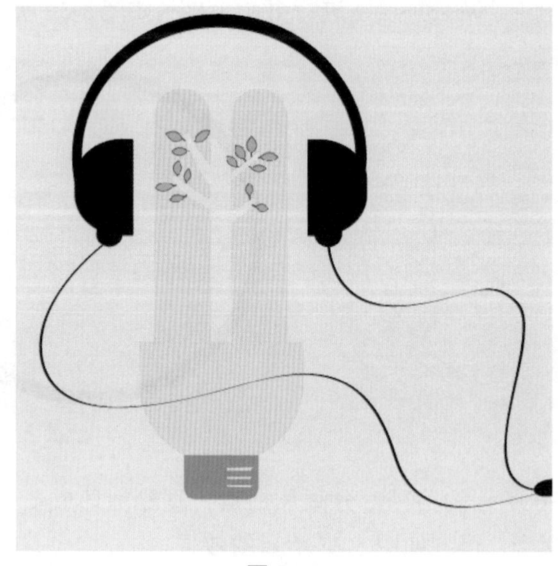

图 5-40

5.4.2 案例 2：雪人设计

本案例设计的是一个可爱的雪人效果，可以用在卡片中作为素材使用。具体设计步骤如下：

（1）新建文件 800px × 800px，模式 RGB，分辨率 300，具体设置如图 5-41 所示。

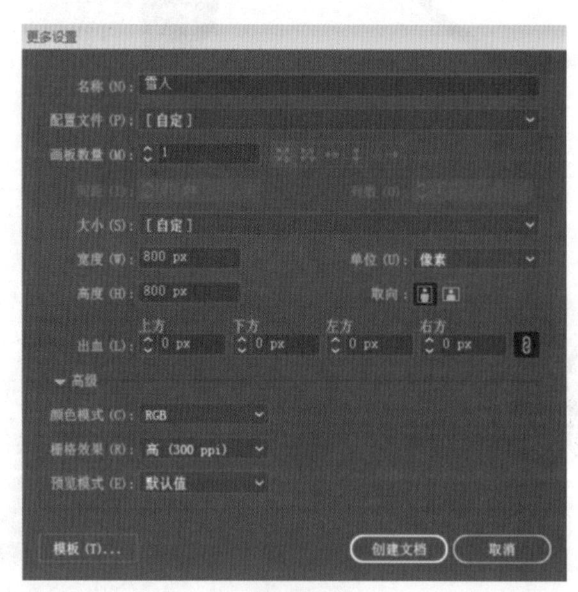

图 5-41

（2）新建与画板尺寸一致的图形，打开“渐变面板”，添加三个渐变滑块，从左向右分别设置如图 5-42 所示的渐变色，使用“渐变工具”进行填色，效果如图 5-43 所示。

（3）将填充渐变色效果的图形暂时关闭，利用“基本图形工具”和“钢笔工具”绘制一个雪人轮廓图形，填充颜色为无色，效果如图 5-44 所示。

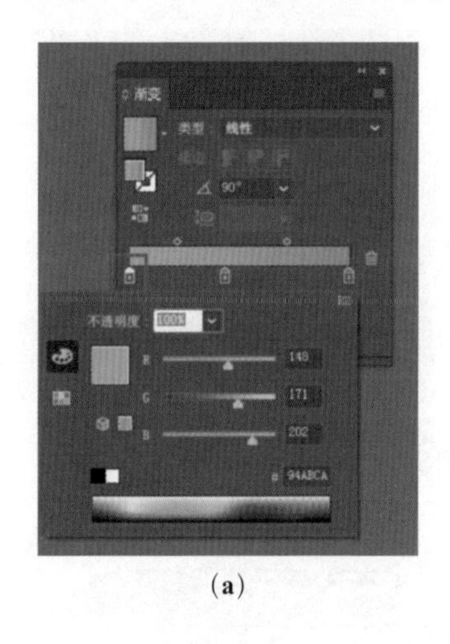

（a）

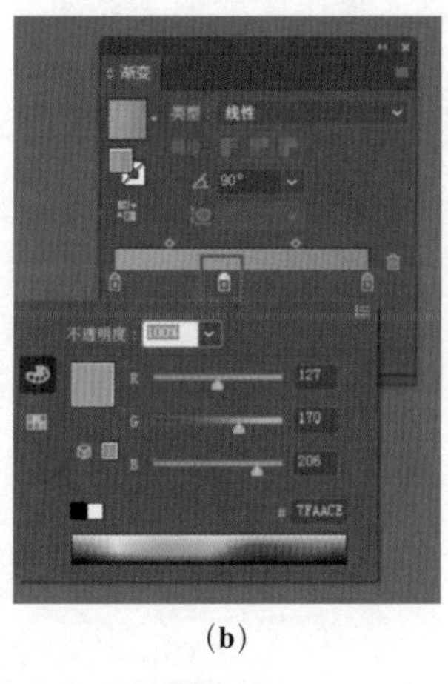

（b）

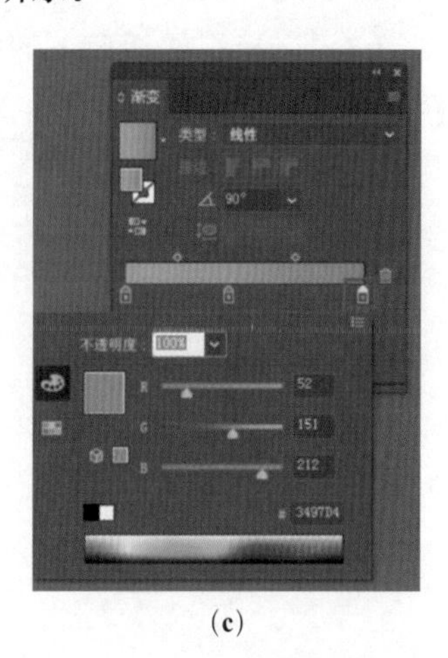

（c）

图 5-42

图 5-43

图 5-44

（4）先为所绘制的雪人图形填充部分的单色效果，选择组成雪人的所有路径，单击“实时上色工具”建立实时上色组，如图 5-45 所示。对闭合区域进行上色，获得如图 5-46 所示的效果，部分区域由于没有闭合无法上色，需要利用“直接选择工具”移动断开的锚点，贴紧到相交路径部分，进行上色，如图 5-47 所示。

图 5-45　　图 5-46　　图 5-47

（5）编辑好断开的锚点，上色效果如图 5-48 所示。

（6）用“铅笔工具”为雪人绘制一个胡萝卜鼻子，如图 5-49 所示。

（7）选择组成胡萝卜的路径，选中“实时上色组”，或者直接按住键盘上的 K 键，在胡萝卜路径的周围单击，建立实时上色组，如图 5-50 所示。

图 5-48　　图 5-49　　图 5-50

（8）为雪人的鼻子填充胡萝卜渐变色，选择“线性渐变”类别，添加两个“渐变色块”，左右色块的具体参数如图 5-51 所示。

（9）选择“渐变工具”为建立实时上色效果的雪人鼻子填充如图 5-52 所示的效果。

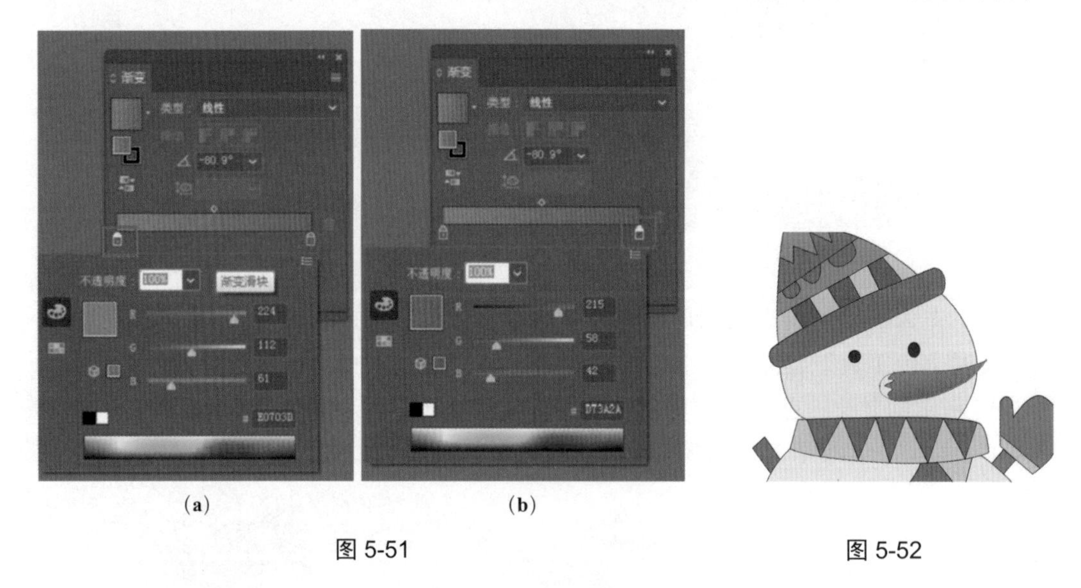

(a)　　(b)

图 5-51　　图 5-52

（10）取消鼻子的选择，再次调用“渐变面板”，选择“线性渐变”，添加两个“渐变色块”，左右色块的具体参数如图 5-53 所示，填充胡萝卜的叶子效果。

（11）填充渐变色的雪人鼻子效果如图 5-54 所示。

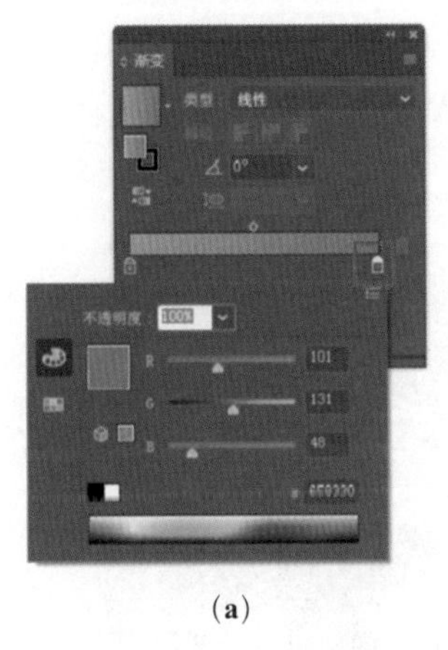

(a)

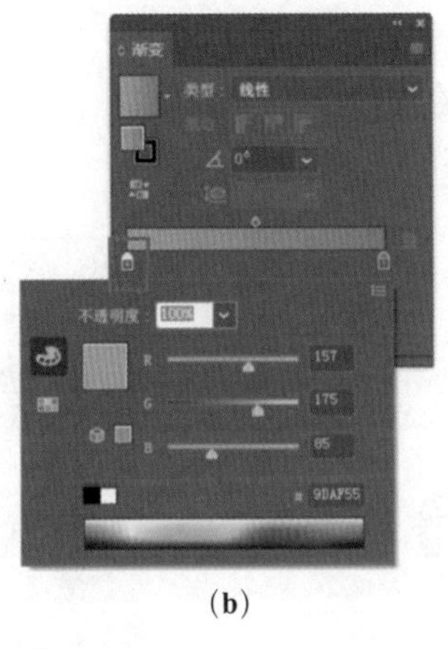

(b)

图 5-53

图 5-54

（12）接下来需要更改胡萝卜的叶子渐变角度，选中胡萝卜，单击属性面板中的“扩展”命令，如图 5-55 所示。

（13）“扩展”命令，胡萝卜转换为“编组”对象，如图 5-56 所示。

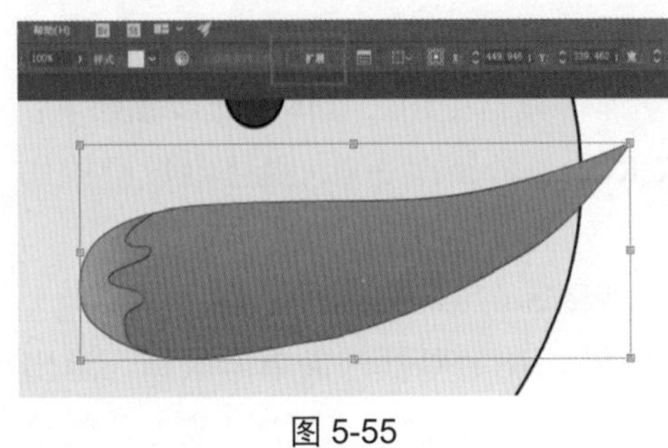

图 5-55

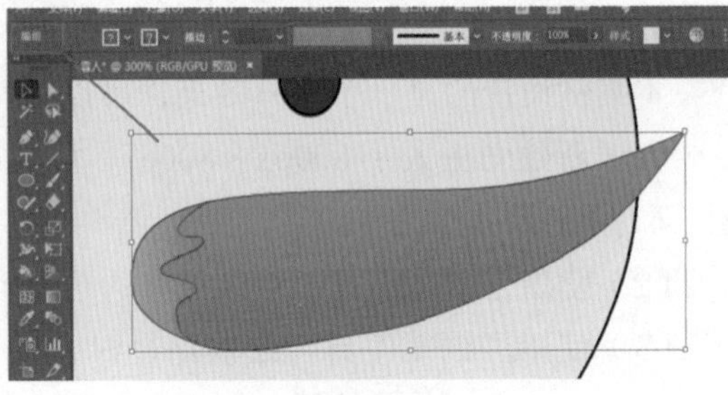

图 5-56

（14）选择“编组选择工具”选中胡萝卜的叶子，使用“渐变工具”进行渐变上色，如图 5-57 所示。

（15）为了让雪人的帽子更有厚度，选择“编组选择工具”选中雪人的帽子，使用“渐变工具”进行渐变上色，添加两个“渐变色块”，左右色块的具体参数如图 5-58 所示。

图 5-57

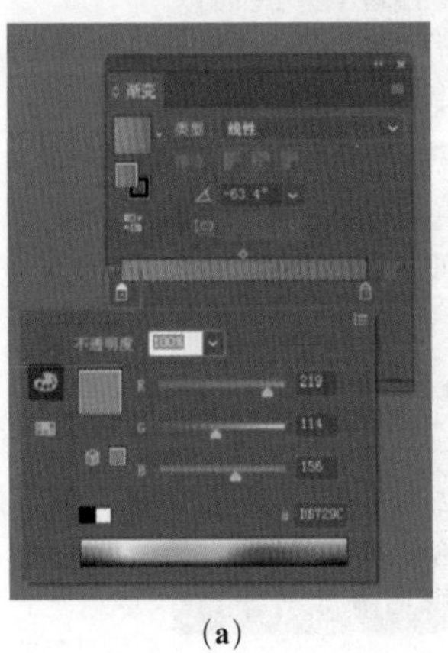

(a)　(b)

图 5-58

（16）完成后的效果如图 5-59 所示。

（17）根据需要为雪人其他的部分添加渐变效果，为雪人应用扁平画笔描边，最终效果如图 5-60 所示。

图 5-59

图 5-60

5.4.3 案例 3：魔方设计

本案例设计的是一个魔方效果，可以用作教学课件素材使用。具体设计步骤如下：

（1）新建画板大小 800px × 800px，颜色模式 RGB，分辨率 300，具体参数设置如图 5-61 所示。

（2）使用“钢笔工具”绘制魔方的透视效果，如图 5-62 所示。

（3）使用“钢笔工具”绘制路径时，按住 Ctrl 键，在定界框外面单击鼠标，退出路径的编辑状态。相交的线不要重复绘制，可以使用多个断开的线来完成 1 立方体效果的绘制，如图 5-63 所示。

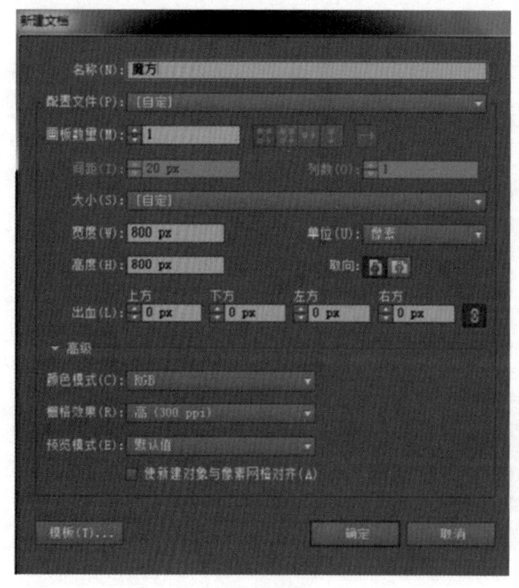

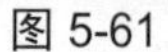

图 5-61

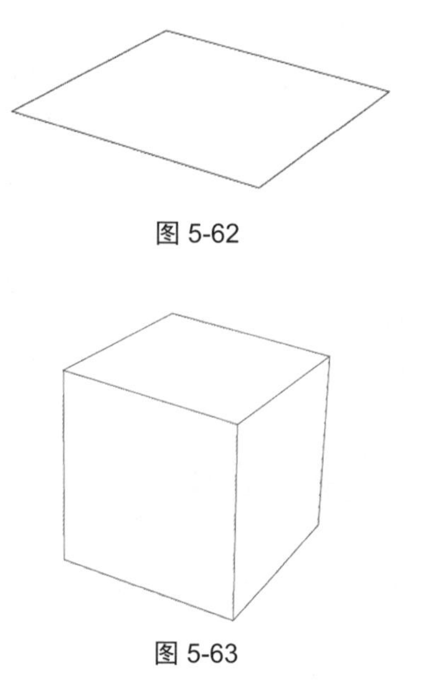

图 5-62

图 5-63

（4）使用“直线工具”对立方体的每个面进行分区，配合“直接选择工具”对线和面相交的锚点进行编辑，注意接点细节的调整，如图 5-64 所示。

（5）选中组成魔方的所有路径，选择“实时上色工具”，或单击键盘 K 键，在魔方上单击，为魔方建立实时上色组，如图 5-65 所示。

（6）为我们所能看到的魔方的三个面分别填充三种不同颜色，颜色设置具体参数如图 5-66 所示。

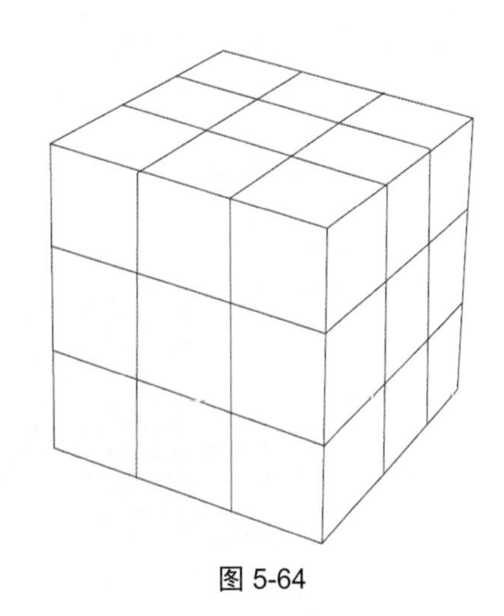
图 5-64

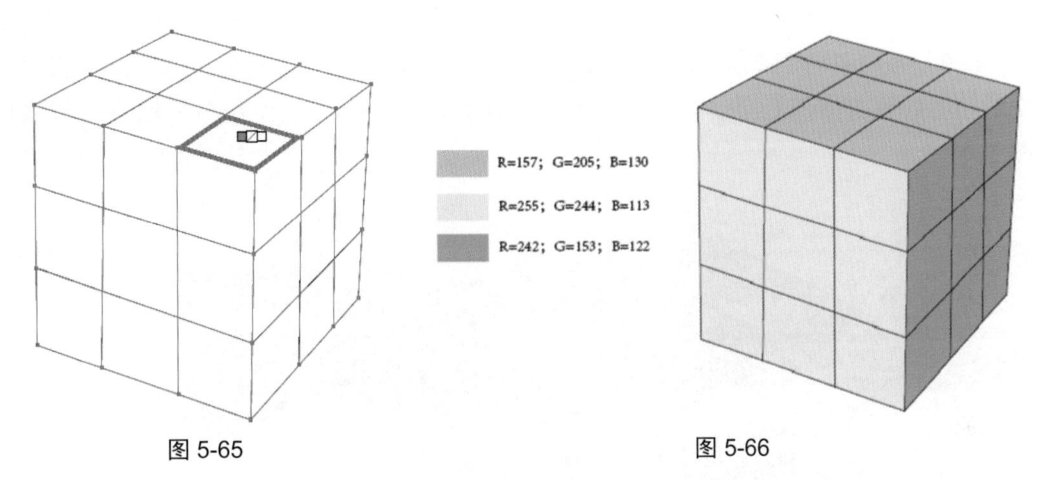

图 5-65　　图 5-66

（7）为了让魔方看起来更有质感，接下来需要为每个面填充渐变效果。选中魔方，单击“属性面板”中的“扩展”命令，将实时上色组魔方扩展为“编组对象”，如图 5-67 所示。

（8）使用“编组选择工具”选中魔方上的小方块，为渐变上色做准备，如图 5-68 所示。

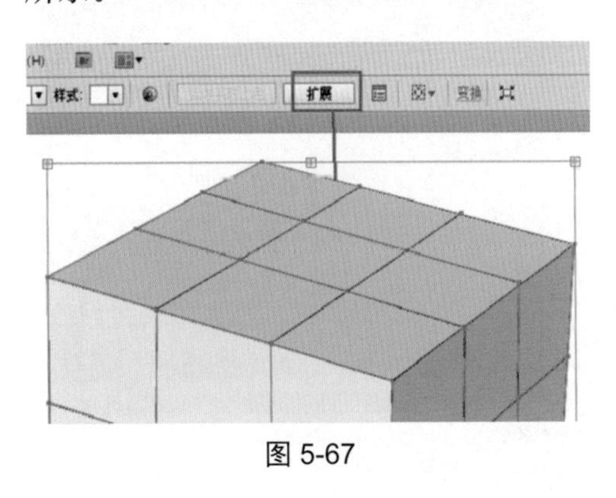

图 5-67

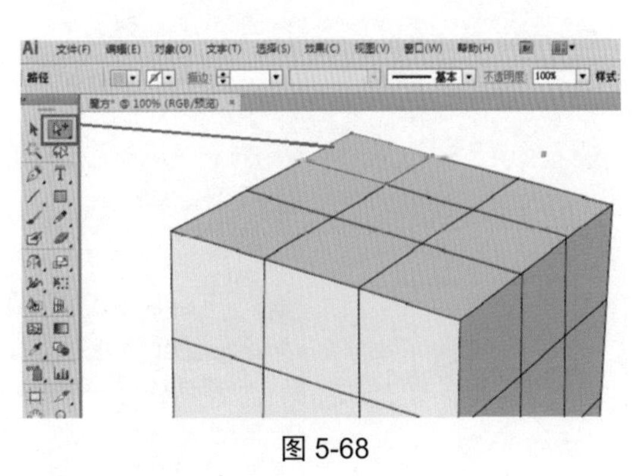
图 5-68

（9）单击“渐变面板”，添加两个渐变色块，左右两侧色块的参数设置如图 5-69 所示，配合“渐变工具”更改渐变的方向和角度。

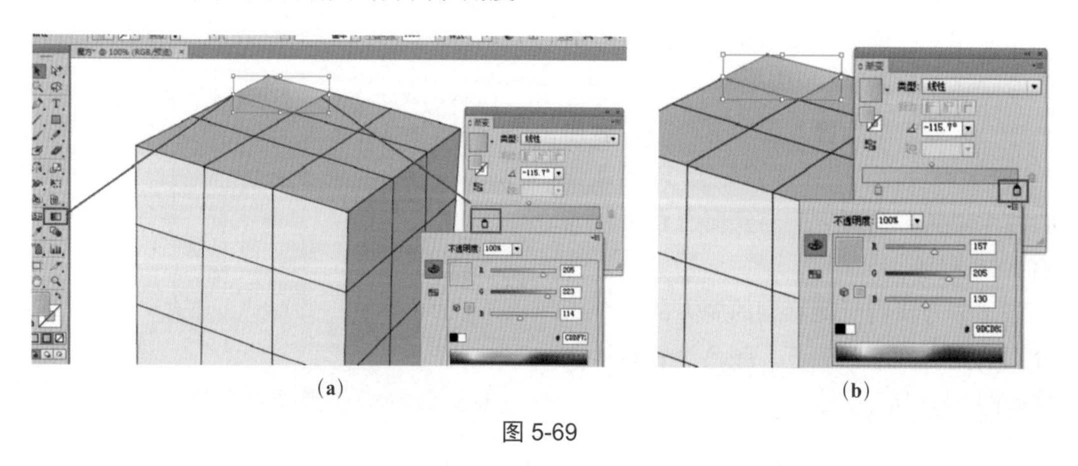

（a）　　（b）

图 5-69

（10）为顶面一个小方格填充好渐变效果之后，打开“外观面板”，拖动外观面板中的小图标到其余的八个小方格中，顶面的其他方格也自动应用相应的填色效果，如图 5-70 所示。

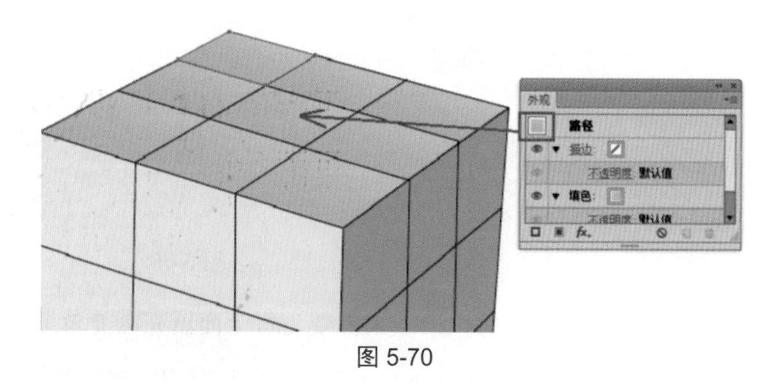

图 5-70

（11）选中魔方正面的黄色小方块，单击“渐变面板”为其填充渐变色，配合“渐变工具”进行编辑，渐变颜色参数如图 5-71 所示。

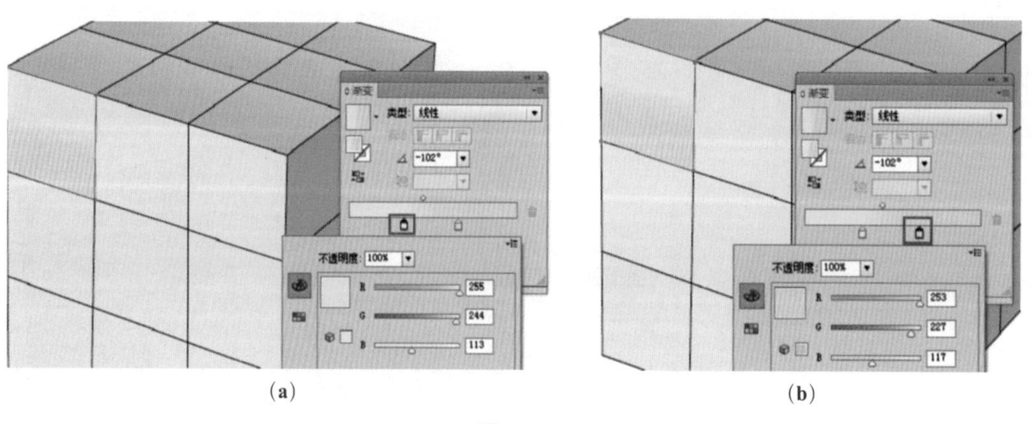

（a）　　（b）

图 5-71

（12）为正面的一个小方格填充好渐变效果之后，打开“外观面板”，拖动外观面板中的小图标到其余的八个小方格中，正面的其他方格也自动应用相应的填色效果，如图 5-72 所示。

（13）选中魔方侧面的小方块，单击“渐变面板”为其填充渐变色，配合“渐变工具”进行编辑，渐变颜色参数如图 5-73 所示。

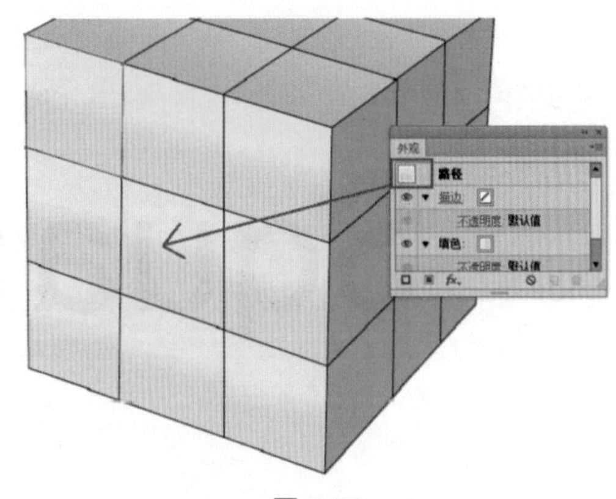

图 5-72

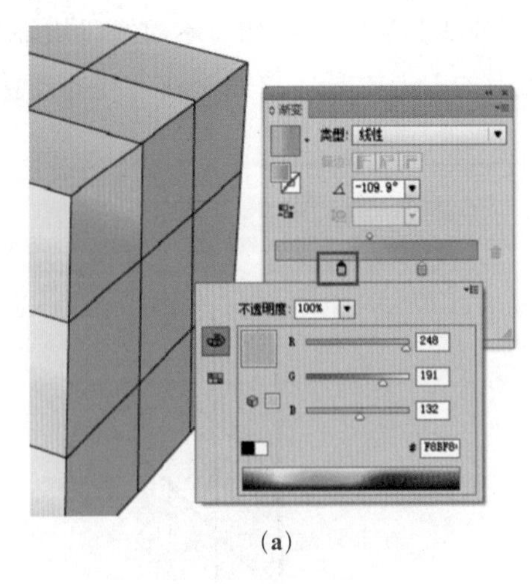

(a)

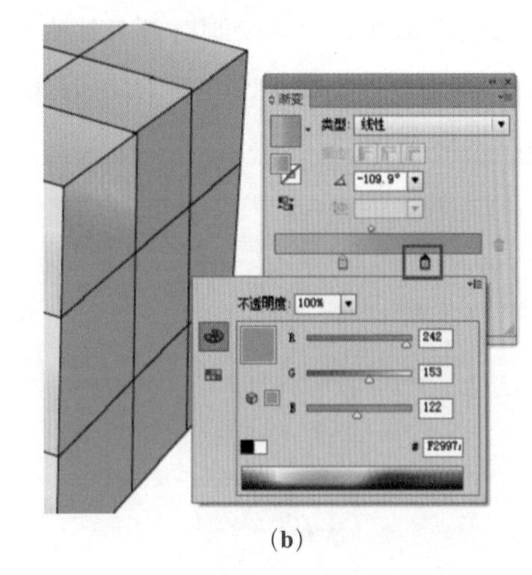

(b)

图 5-73

（14）为侧面的一个小方格填充好渐变效果之后，打开“外观面板”，拖动外观面板中的小图标到其余的八个小方格中，侧面的其他方格也自动应用相应的填色效果，如图 5-74 所示。

（15）在上好色的魔方下面输入文字“Square”，具体参数设置如图 5-75 所示。

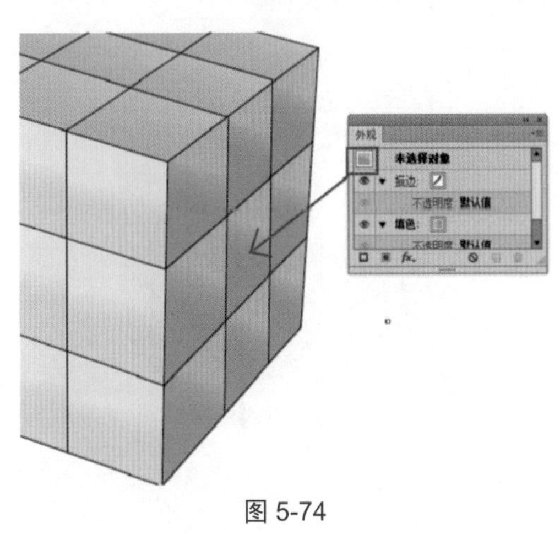

图 5-74

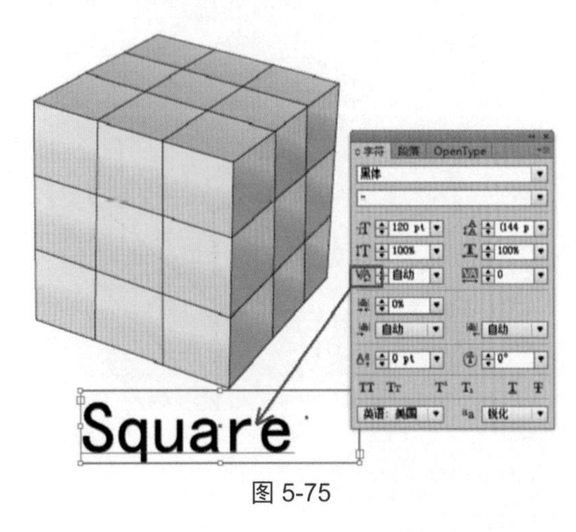

图 5-75

（16）字母“r”和字母“e”间隔过大，需要对字母间距进行调整，选择“文字工具”在字母“r”和字母“e”间单击，调出光标，调节“字母间距”参数，如图 5-76 所示。

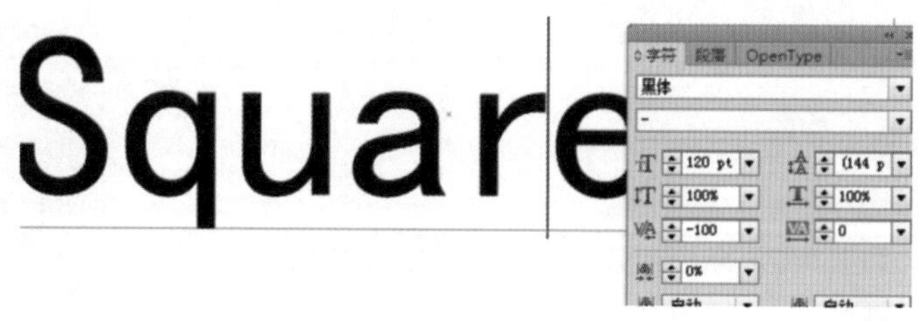

图 5-76

（17）调节魔方描边细节，更改方格线的描边粗细效果。用“编组选择工具”选中魔方的侧面边线，由于绘制时部分线有连接，部分线为断开，在调节不同线段粗细时需要将线段断开，在如图 5-77 所示的交接处利用“剪刀工具”单击，断开线的连接，所得效果如图 5-78 所示。

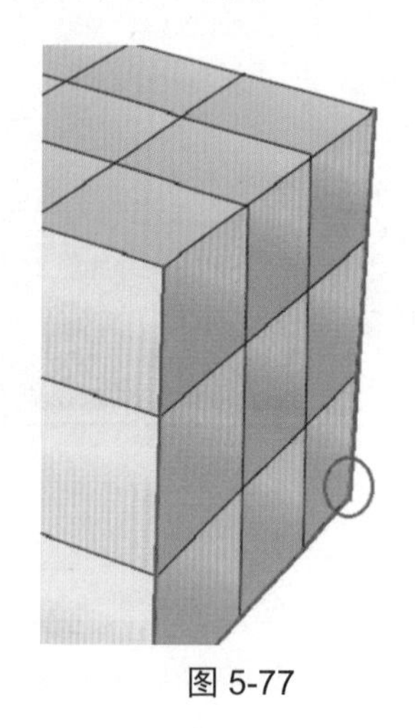

图 5-77

图 5-78

（18）利用“编组选择工具”选中正面的分割线，在如图 5-79（a）所示的部分利用“剪刀工具”单击，断开线的连接，得到如图 5-79（b）所示的断开线段。

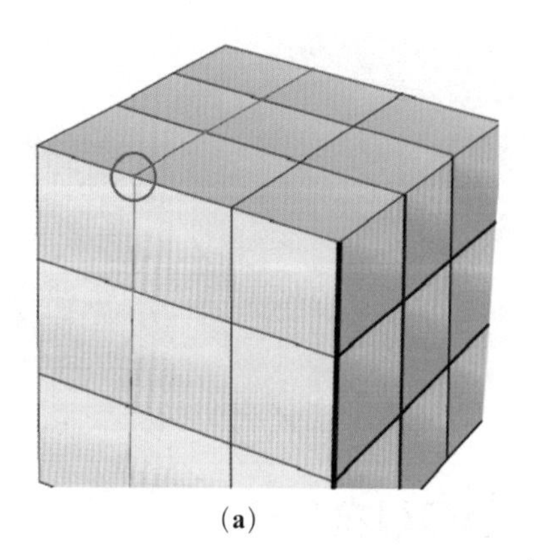

(a)

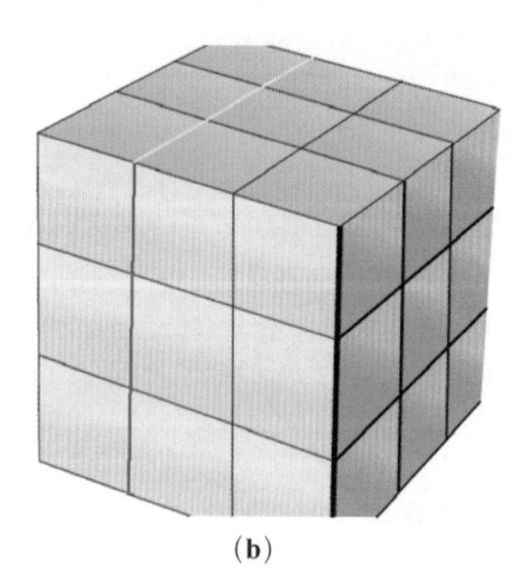

(b)

图 5-79

（19）魔方其余部分的线段设置同上，最终获得的效果如图 5-80 所示。

图 5-80

5.5　请柬设计基本知识

要制作一张精美的请柬，首先应该有一个好的构思，然后按自己的构思画出铅笔设计稿。在设计时应该考虑到邀请的对象因人而异，如老年人喜爱欢乐、新颖的格调，儿童则喜爱灿烂绚丽的色彩……我们只有掌握不同对象的心理和爱好，进行有针对性的设计，才会受到他们的青睐。

（1）请柬主要包括：文字要素（标题、称呼、正文、结尾、落款和时间）和图形要素。

（2）请柬设计要求：书写格式正确，信息准确，图形简练清晰，色彩鲜明醒目。

（3）请柬设计形状：长方形或正方形，要注意比例和尺寸。

（4）卡片材质的选择：制作卡片常用的纸材有铜西卡纸、超雪铜纸等光面纸材，或者是具有各式各样花纹的美术纸材。选择纸张时，可参考下列要点来选择：

1）质感与纹路：如果卡片上没有太多图案，可利用纸材的纹路加强卡片的质感；如果卡片已有繁杂的图案，建议选择无纹路的纸材，以免凹凸不平的纹路影响图案的印刷效果。此外，如果卡片需要做烫金、上光等处理，也不要选择有纹路的纸材，因为有纹路的纸材不易上光，且在上光之后，纹路就不明显了。

2）厚度与重量：纸的厚度以毫米计算，重量则以磅数计算，算法是测量一平方米的纸的重量。一般制作卡片使用的纸张，磅数都在 200 磅以上。若使用太薄或太轻的纸材，卡片可能会不够挺，失去卡片的质感。

3）光泽：有些纸材表面有反光效果，或经特殊处理加上珠光、炫光效果。若是卡片有此需要，可挑选此类纸材。

4）与其他材质的应用：有些卡片会与特殊材料作搭配，使质感再升级，例如加上缎带、水钻、亮片等。需要注意的是，若要搭配特殊材料，需选择较重的磅数与厚度，以免做出来的卡片承载不了过多的重量。这么多注意事项是否让你眼花缭乱呢？其实许多印刷厂都有提供索取纸样的服务，可实际用手触摸看看，选择最适合的纸材。

5.6 项目任务作业

- 作业主题：彩妆发布会请柬设计。
- 完成时间：120 分钟。
- 具体要求：

（1）彩妆产品名称自行拟定。

（2）设计图稿大小根据实际需要来制定。

（3）巧妙利用图形组合表现彩妆产品。

（4）通过渐变色的应用来表现产品光影效果的变化。

（5）用 word 写出请柬的设计主题、受众群体、呈现方式、设计理念，要求语言通顺，表述详细，设计格式见表 5-1。

表 5-1　　彩妆请柬设计说明

产品名称	
受众群体	
呈现方式	
设计理念	

本作业的主要考查知识点：

- 图形的基本组合技巧；
- 渐变上色的基本方法；
- 请柬设计的基本要素。

第6章　渐变网格

教学目标

1. 掌握渐变网格的创建方法。
2. 了解常用的快捷键，能熟练对网格点进行编辑，能很好地把握渐变过渡的运用技巧。
3. 了解渐变图形变为网格对象、从网格对象中提取路径的方法。
4. 了解写实风格插画设计的基本知识。

教学重点和难点

重点：渐变网格的创建方式。

难点：渐变网格点的编辑和上色。

在使用 Illustrator 绘图时，为了能更自然地表现对象的光影变化，营造出立体感，经常会运用到渐变色。不过基本的渐变色只有线性和径向渐变两种，一旦对象的形状较复杂时，只靠线性渐变和径向渐变很难表现出平顺的光影变化。为了使颜色表现更为逼真、立体，可以用渐变网格工具来表现。无论是人像、工业产品还是自然风景，都可以通过渐变网格加以表现，它具有灵活度高、可控性强的特点。

6.1　创建渐变网格对象

6.1.1　认识渐变网格

“渐变网格”工具是一种灵活度高、可控性强的渐变颜色生成工具。它可以为网格点和网格片面着色，并通过控制网格点的位置精确控制渐变颜色的范围和混合位置，如图 6-1 所示。

渐变网格是由网格点、网格线和网格片面构成多色填充对象各种颜色之间能够平滑地过渡，使用这项功能可以绘制出照片级写实效果作品。

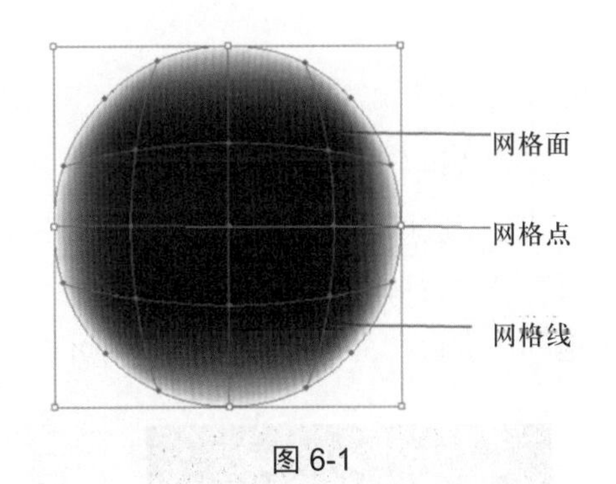

图 6-1

6.1.2　创建网格对象

（1）使用渐变网格工具或者执行菜单中的“对象”中的“创建渐变网格”命令，将一个对象转换成网格对象。

图 6-2

1）首先在画布上绘制一个需要实施渐变网格效果的图形并选中它。

2）选择工具箱上的网格工具，如图 6-2 所示，此时光标将变为一个带有网格图案的箭头形状。

3）将光标移到图上，在需要的地方单击鼠标即可添加一个网格点，多次单击之后可以生成一定数量的网格点，从而也就形成了一定形的网格，如图 6-3 所示。

4）选择工具箱上的直接选择工具，然后选中需要上色的网格点，接着在“颜色”面板上选择相应的颜色后，选中的网格点就应用了所需的颜色，如图 6-4 所示。

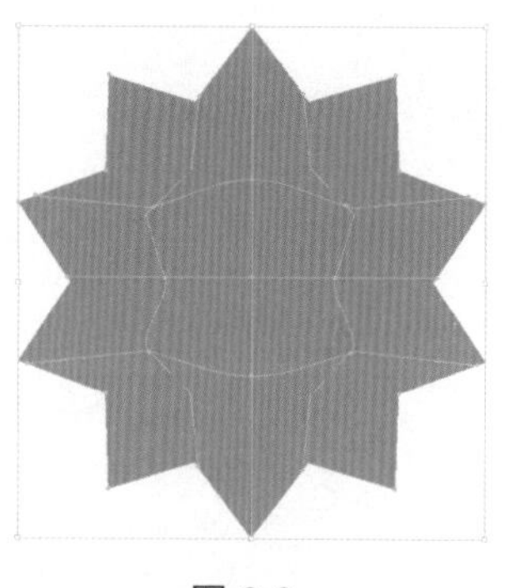
图 6-3

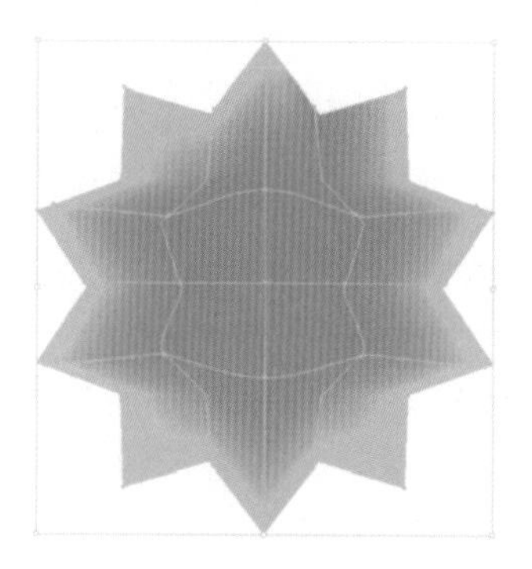
图 6-4

（2）利用“创建渐变网格”命令创建渐变网格。

1）首先在画布上绘制一个需要实施渐变网格效果的图形并选中它。

2）选择菜单“对象”中的“创建渐变网格”的命令，此时会弹出图 6-5 所示的对话框。

3）在该对话框中，可以在“行数”和“列数”数值框中设置图形网格的行列数，从而也就设置了网格的单元数。

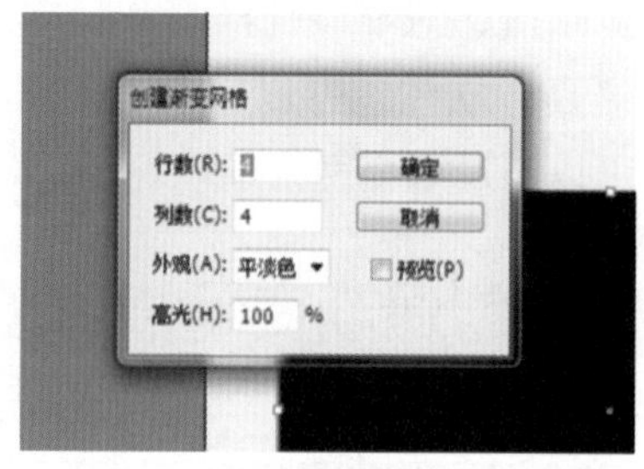

图 6-5

6.1.3 为网格点着色

在为网格点或网格区域着色前，需要先单击工具面板底部的填色按钮切换到填色编辑状态（也可按下“X”键来切换填色和描边状态），然后选择网格工具，在网格点上单击，将其选中，如图 6-6 所示。单击“色板”面板中的一个色板即可为其着色，如图 6-7 所示。拖动“颜色”面板中的滑块，则可以调整所选网格点的颜色，如图 6-8 所示。

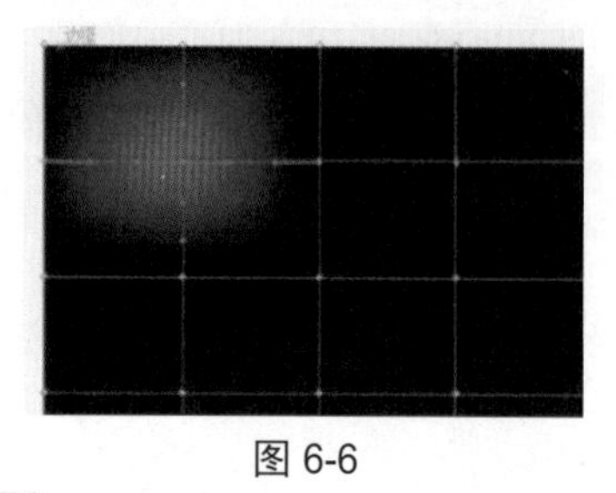
图 6-6

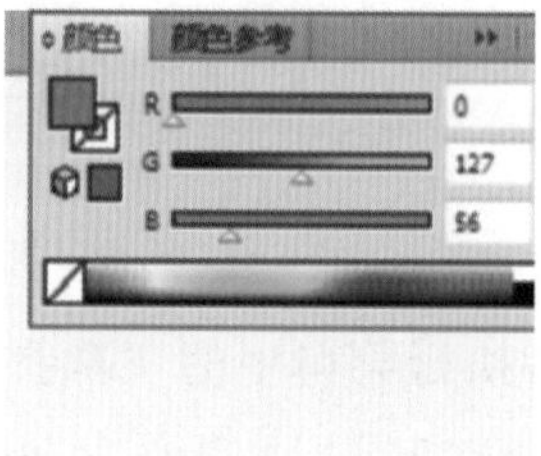

图 6-7

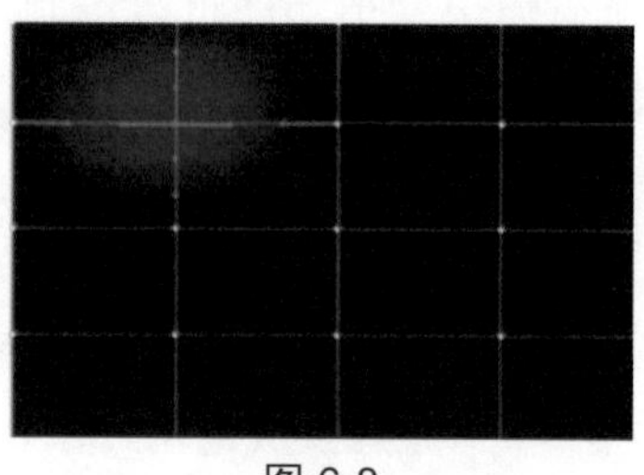
图 6-8

6.1.4　为网格片面着色

使用直接选择工具，将其选中。单击“色板”面板中的色板即可为其着色，如图 6-9 所示。拖动“颜色”面板中的滑块，可以调整所选网格片面的颜色。

图 6-9

6.2　编辑渐变网格

6.2.1　选择网格点

选择网格工具，将光标放在网格上，单击即可选中网格点，选中的网格点为实心方块，未选中的为空心方块，如图 6-10 所示。使用直接选择工具在网格点上单击，也可以选中网格点，按住 Shift 键并单击其他网格点，可选中多个网格点。如果单击并拖出一个矩形框，则可选中矩形框范围内的所有网格点；使用套索工具在网格对象上绘制选区，也可以选中网格点。

图 6-10

6.2.2　移动网格点和网格片面

选择网格点后，按住鼠标左键拖动即可移动。如果按住 Shift 键拖动，则可将该网格点的移动范围限制在网格线上。采用这种方法沿一条弯曲的网格线移动网格点时，不会扭曲网格线。使用直接选择工具在网格片面上单击并拖动鼠标，可以移动该网格片面，如图 6-11 所示。

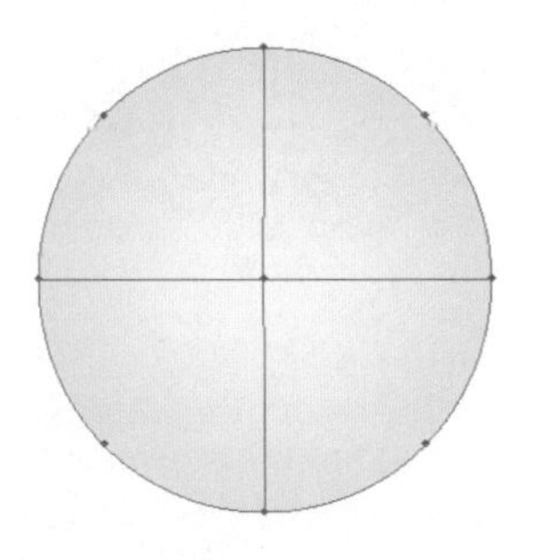

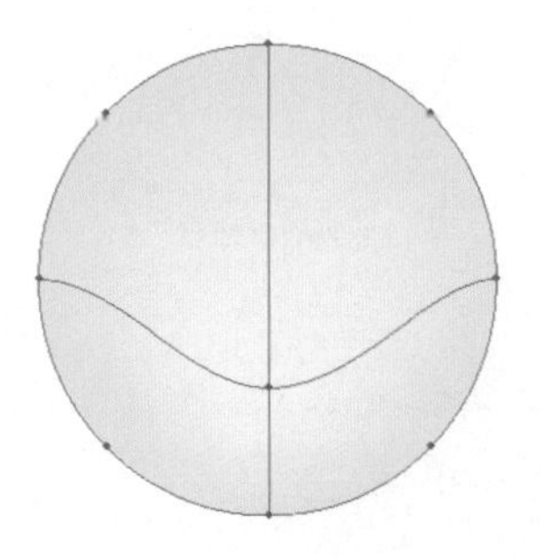

图 6-11

6.2.3 调整方向线

网格点的方向线与锚点的方向线完全相同，使用网格工具和直接选择工具都可以移动方向线，调整方向线可以改变网格线的形状，如图 6-12 所示。如果按住 Shift 键拖动方向线，则可移动该网格点的所有方向线。

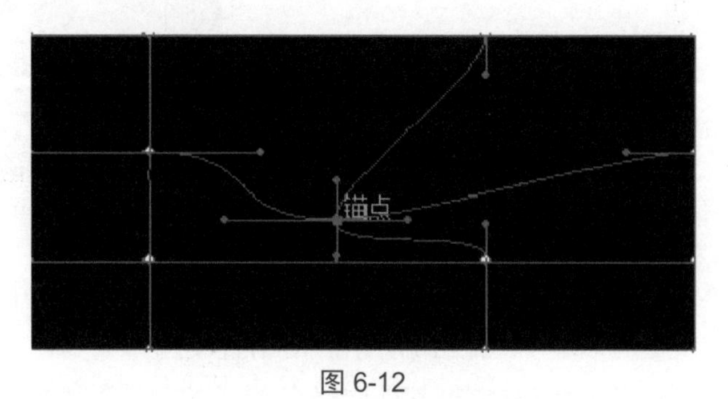

图 6-12

6.2.4 添加与删除网格点

使用网格工具在网格线或网格片面上单击，都可以添加网格点。如果按住 Alt 键，单击网格点可将其删除，由该点连接的网格线也会被删除。

6.2.5 为网格点着色

在为网格点或网格区域着色前，需要先单击工具面板底部的填色按钮，切换到填色编辑状态（也可以按下“X”键来切换填色和描边状态），然后选择网格工具，在网格点上单击，将其选中，单击“色板”面板中的一个色板，即可为其着色，如图 6-13 所示。拖动“颜色”面板中的滑块，则可以调整所选网格点的颜色。为网格点着色后，使用网格工具在网格区域单击，新生成的网格点将与上一个网格点使用相同的颜色。如果按住 Shift 键单击，则可添加网格点但不改变其填充颜色。

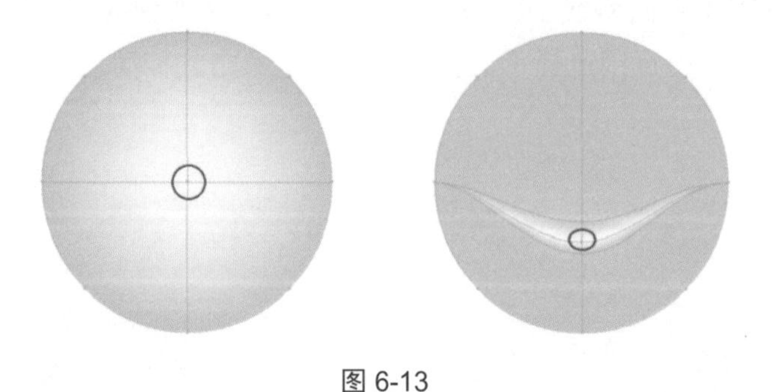

图 6-13

6.2.6 为网格片面着色

使用直接选择工具在网格片面上单击，将其选中，单击“色板”面板中的色板即可为其着色，如图 6-14 所示。拖动“颜色”面板中的滑块，可以调整所选网格片面的颜色。

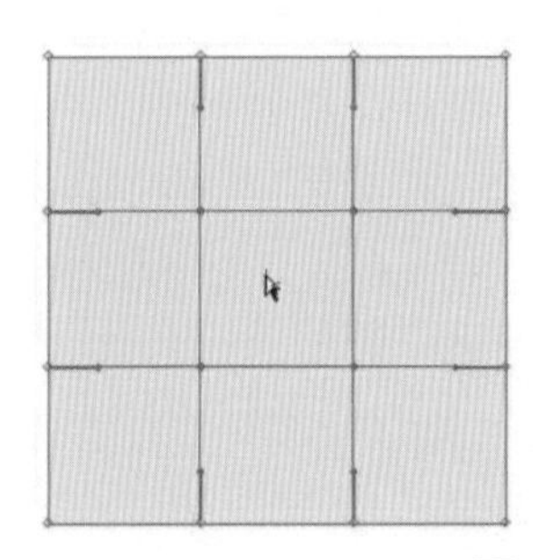

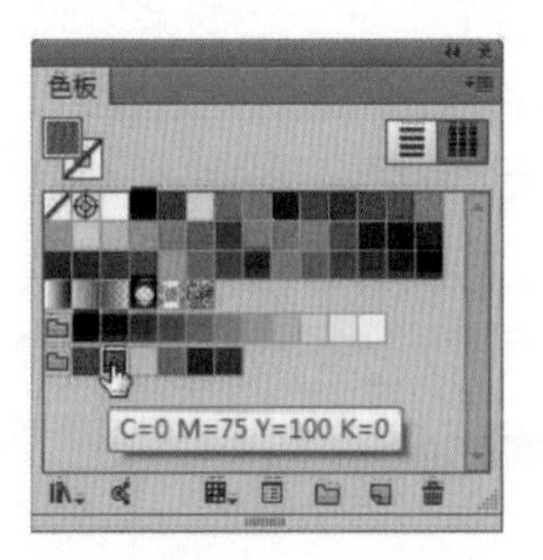

图 6-14

此外，将“色板”面板中的一个色板拖到网格点或网格片面上，也可为其着色。在网格点上应用颜色时，颜色以该点为中心向外扩散，如图 6-15 所示；在网格片面中应用颜色时，则以该区域为中心向外扩散，如图 6-16 所示。

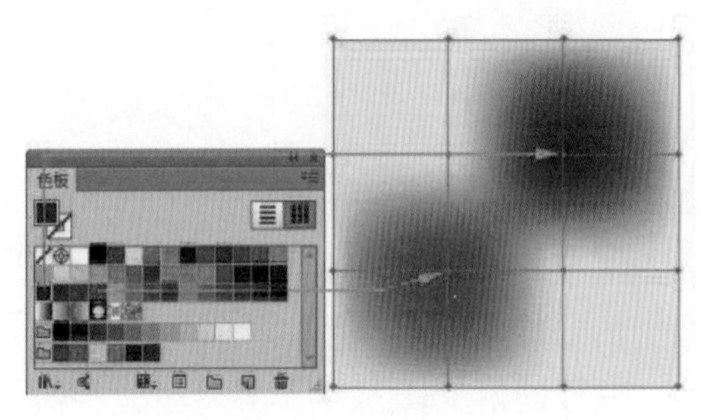

图 6-15

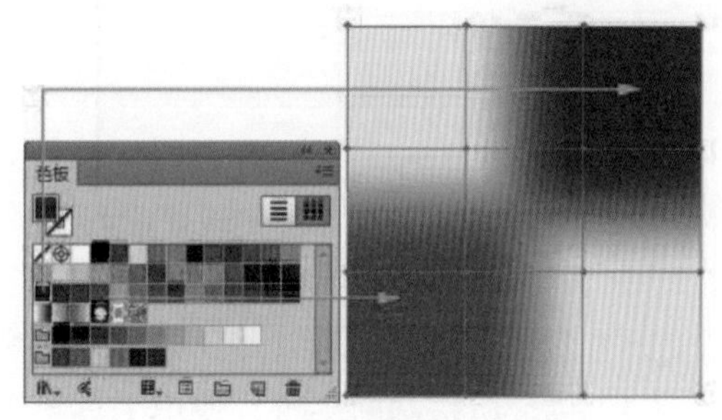

图 6-16

6.3　从网格中提取路径

将图形转换为渐变网格对象后，它将不再具有路径的某些属性，例如，不能创建混合、剪切蒙版和复合路径等。如果要保留以上属性，可以采用从网格对象中提取对象的原始路径的方法来进行操作。

选择网格对象，如图 6-17 所示。执行“对象 > 路径 > 偏移路径”命令。打开“偏移路径”对话框，将“位移”值设置为 0，如图 6-18 所示，单击“确定”按钮，便可以得到与网格图形相同的路径。新路径与网格对象重叠在一起，使用选择工具将网格对象移开，便能够看到它，如图 6-19 所示。

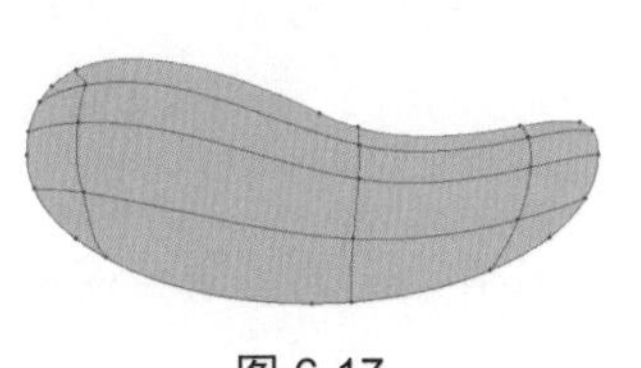

图 6-17

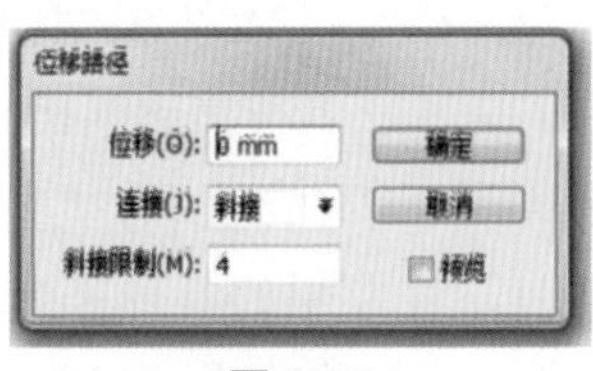

图 6-18

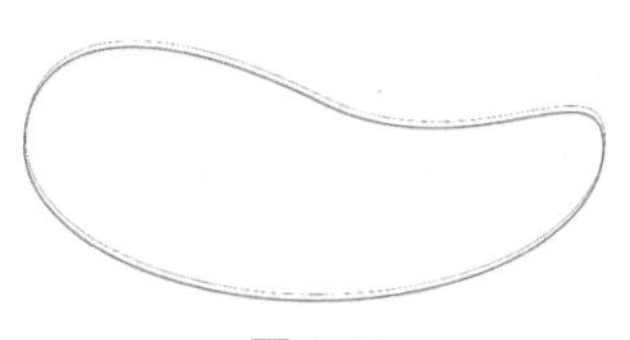

图 6-19

6.4 渐变网格应用案例

本案例使用“钢笔工具”绘制苹果轮廓，借助于“渐变网格工具”完成苹果的涂色效果，使苹果表面产生明暗对比效果。具体设计过程如下：

（1）新建文件大小 800px × 800px，模式 RGB，分辨率 300，具体参数设置如图 6-20 所示。

（2）使用“钢笔工具”绘制苹果的基本图形，效果如图 6-21 所示。

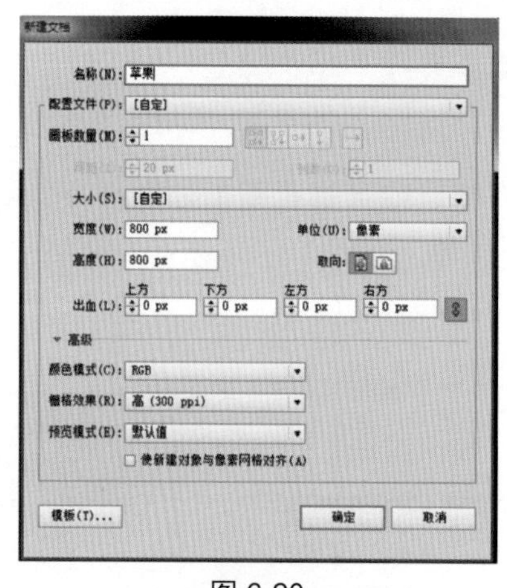

图 6-20

图 6-21

（3）为所绘制的苹果填充合适的主打颜色，具体参数如图 6-22 所示。

（4）选择所绘制的苹果，使用工具箱中的“渐变网格工具”，为苹果添加第一个渐变网格点，默认效果如图 6-23 所示。

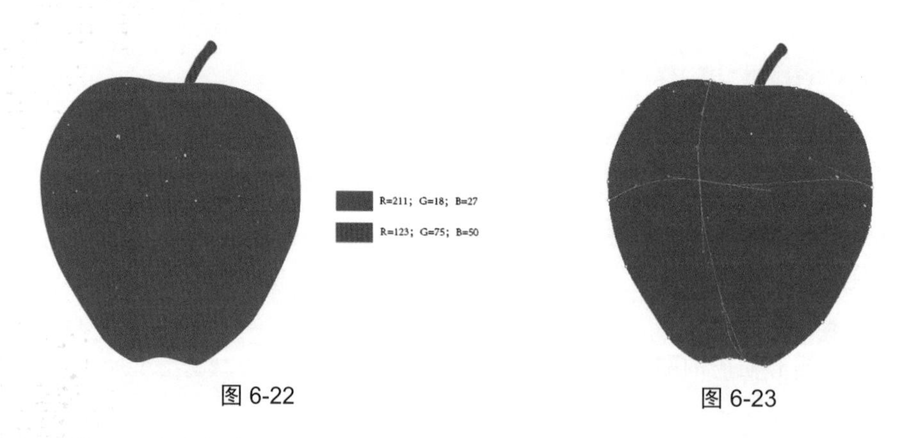

图 6-22　　图 6-23

（5）使用“渐变网格工具”对网格点进行调节，按住 Shift 键拖动网格点，可以将网格点沿着网格线拖动，按住 Alt 键可以单独移动网格点上的方向线，双击图层面板，将图层颜色更改为白色，如图 6-24 所示。

（6）继续使用“渐变网格工具”在苹果的其他部分添加网格点，为了避免网格过于复杂，可以在已有的网格线上单击添加网格点，如图 6-25 所示。

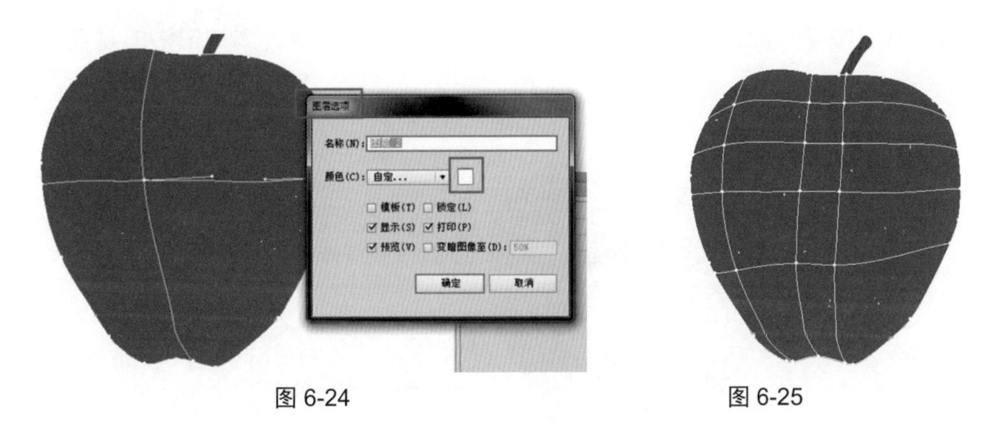

图 6-24　　　　图 6-25

（7）先对苹果的高光部分填色，使用“套索工具”圈选需要填充高光点的位置，如图 6-26 所示，填充高光效果。

（8）苹果的高光区域显示过于集中，可以圈选周边的网格点上色，扩大高光区域的显示，如图 6-27 所示。

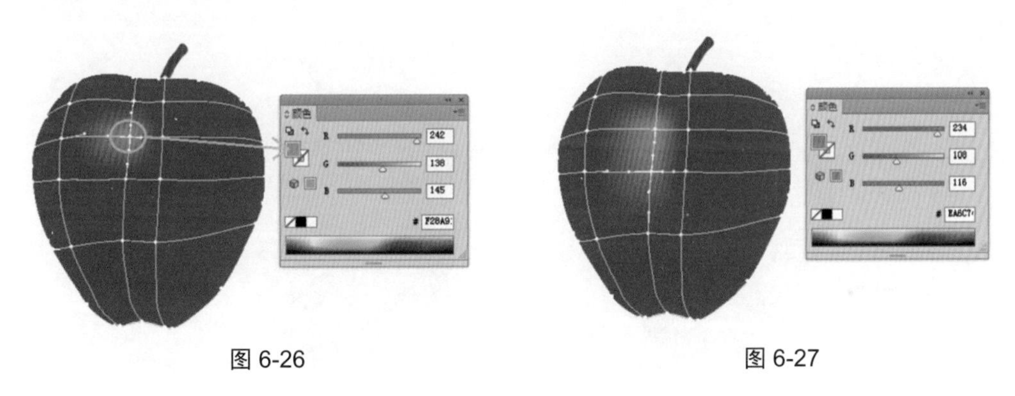

图 6-26　　　　图 6-27

（9）在苹果的右上角添加深色的效果，需要添加相关的网格点，具体参数如图 6-28 所示。

（10）在苹果的底部增加颜色的过渡效果，添加相关的网格点，具体参数如图 6-29 所示。

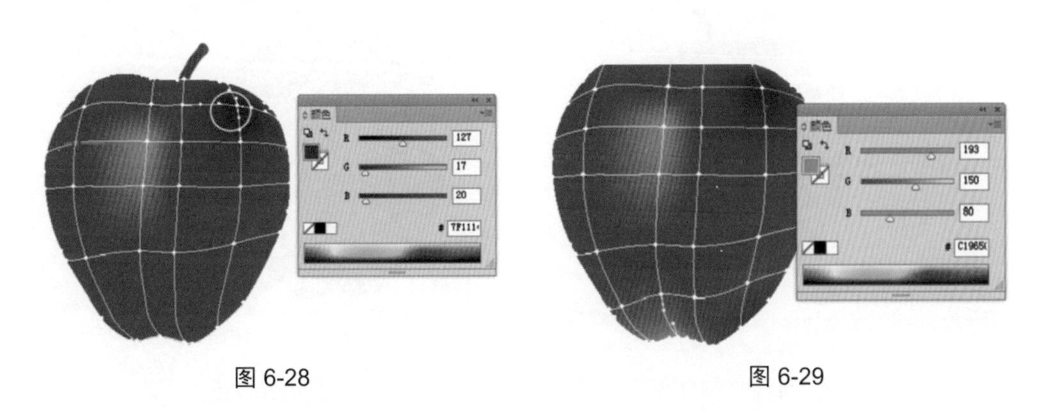

图 6-28　　　　图 6-29

（11）使用“套索工具”选中苹果边缘部分的多个网格点，添加边沿的过渡颜色，具体参数如图 6-30 所示。

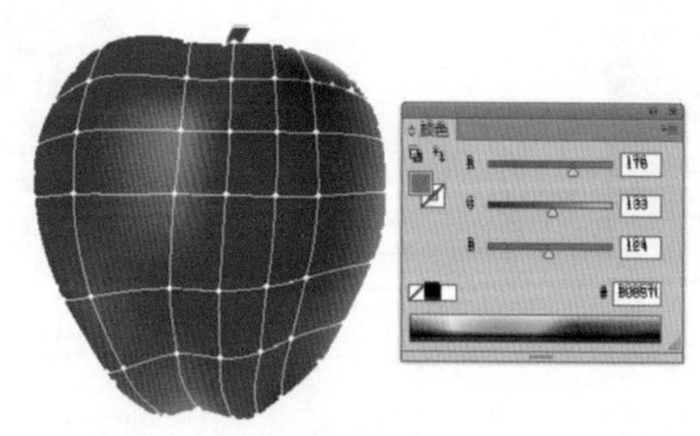

图 6-30

（12）增加苹果右侧面的凹凸质感，需要在右侧面部分添加多根网格线，同时将网格点的颜色进行填色，对比效果如图 6-31 所示。

图 6-31

（13）使用同样的方法为苹果的左侧面添加网格线，增加质感效果的变化，如图 6-32 所示。

图 6-32

（14）增加苹果设计细节的变化效果，图 6-33 所示为参照的网格线。

（15）至此，苹果的颜色填充完成，效果如图 6-34 所示。

图 6-33

图 6-34

（16）使用“椭圆工具”为苹果绘制投影，填充灰色，如图 6-35 所示。

（17）选中投影，在“外观面板”中单击 fx，选择“羽化命令”，如图 6-36 所示。

图 6-35　　图 6-36

（18）在弹出的“羽化面板”中进行参数设置，具体数值如图 6-37 所示，所获得的效果如图 6-38 所示。

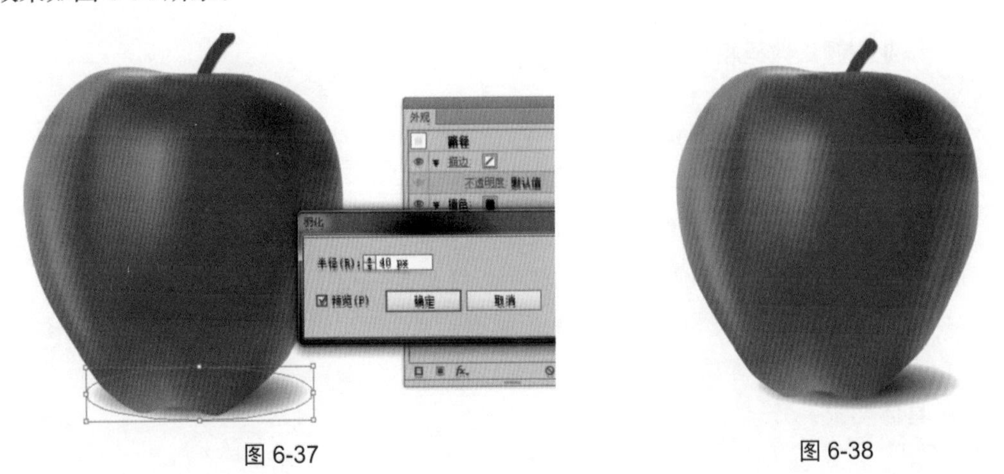

图 6-37　　图 6-38

（19）更改投影的角度，打开“透明度面板”，如图 6-39 所示，单击“透明度面板”中的“建立不透明度蒙版”，如图 6-40 所示。

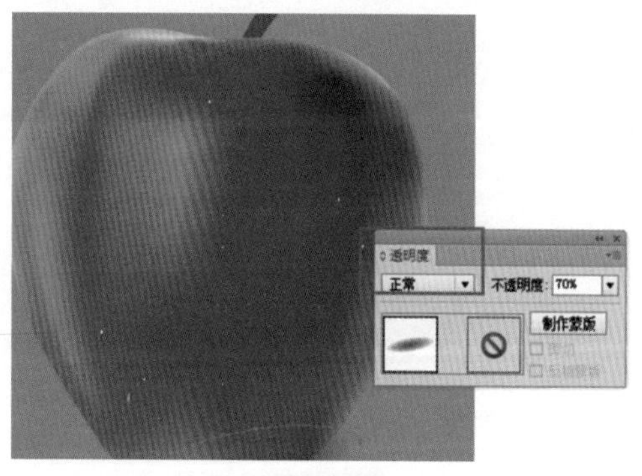

图 6-39

图 6-40

（20）在“透明度”面板中进行如图 6-41 所示的设置，退出编辑状态，最终效果如图 6-42 所示。

图 6-41

图 6-42

6.5 项目任务作业

➢ **作业主题：数码相关产品设计**

➢ **完成时间：160 分钟**

➢ **设计流程：**

（1）需完成表 6-1“数码产品设计调研和策划准备 .doc”文件表格的填写。

（2）数码产品效果展示环境图片收集。

（3）完成表 6-1“数码产品设计调研和策划准备 .doc”的前期准备交流工作。

（4）以所调研的数码相关产品为设计原型，将原型转换为图形效果并加以上色。

（5）完成后期 ps 合成。

➢ **具体要求：**

（1）小组同学从校园中或是身边事物中搜寻数码相关产品主题（如手机、计算机、ipad、光盘、U 盘、移动硬盘、相机、打印机、数字交互屏、投影仪……），拍摄成照片，存储为“设计原型 .jpg”。

（2）本次项目设计将以所调研的数码相关产品为设计原型，按照自己的理解将原型转换为图形效果并加以上色。

（3）根据需要为所设计的数码产品收集产品环境展示图若干，最后设计完成品要以展示效果图方式呈现。

表 6-1　　数码产品设计调研和策划准备

产品型号名称	
设计原型图片	
原型来源渠道 设计理念	
色彩参数 1 （RGB 参数）	
色彩参数 2 （RGB 参数）	
色彩参数 3 （RGB 参数）	
色彩参数 4 （RGB 参数）	
色彩参数 5 （RGB 参数）	
色彩参数 6 （RGB 参数）	

本作业的主要考查知识点：

- 绘图能力；
- 图形上色能力；
- 色彩过渡效果的把握；
- 线稿的绘制；
- 观察力；
- 光线效果的把控力（绘制对象明暗度、高光区域的把控）。

第 7 章　混合、封套扭曲与蒙版

教学目标

1. 能灵活运用混合工具创建各类混合效果。
2. 掌握混合的原理，对混合效果进行编辑，制作各类线和图形的混合。
3. 能对常见的图形混合模式有所熟悉，掌握剪切蒙版和不透明度蒙版的创建方式。
4. 了解明信片的设计知识。

教学重点和难点

重点： 混合的创建方式，蒙版的创建。

难点： 混合的灵活运用及混合对象的编辑，不透明度蒙版的运用。

在 Illustrator 中有一些常用的高级使用技巧，包括混合、蒙版等，很多优秀的设计作品都离不开混合与蒙版的组合应用，通过技巧的运用，可以让 Illustrator 绘图达到意想不到的效果。

7.1　混合

“混合”就是在至少两个原始路径之间创建出新的过渡路径对象。用户可以对混合图形进行编辑、修改，通过修改混合的参数和外观，可以制作出很多特殊效果。过渡图形对象的外观属性完全由位于混合两端的原始图形对象的外观属性决定。

在 Illustrator 中，与“混合”相关的操作集中在“对象”菜单下的“混合”子菜单中，包含着所有的混合命令，如图 7-1 和图 7-2 所示。

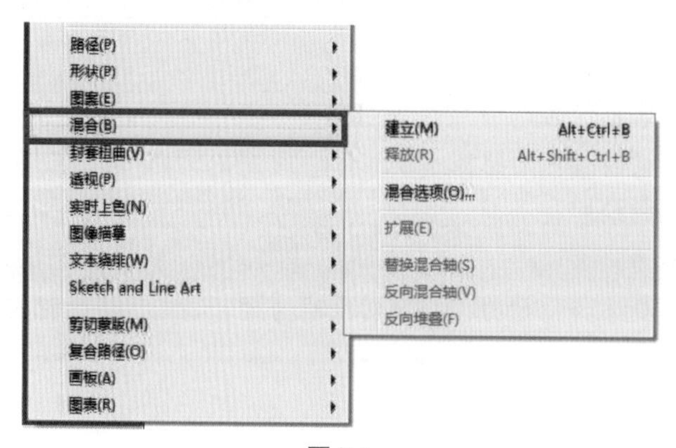

图 7-1

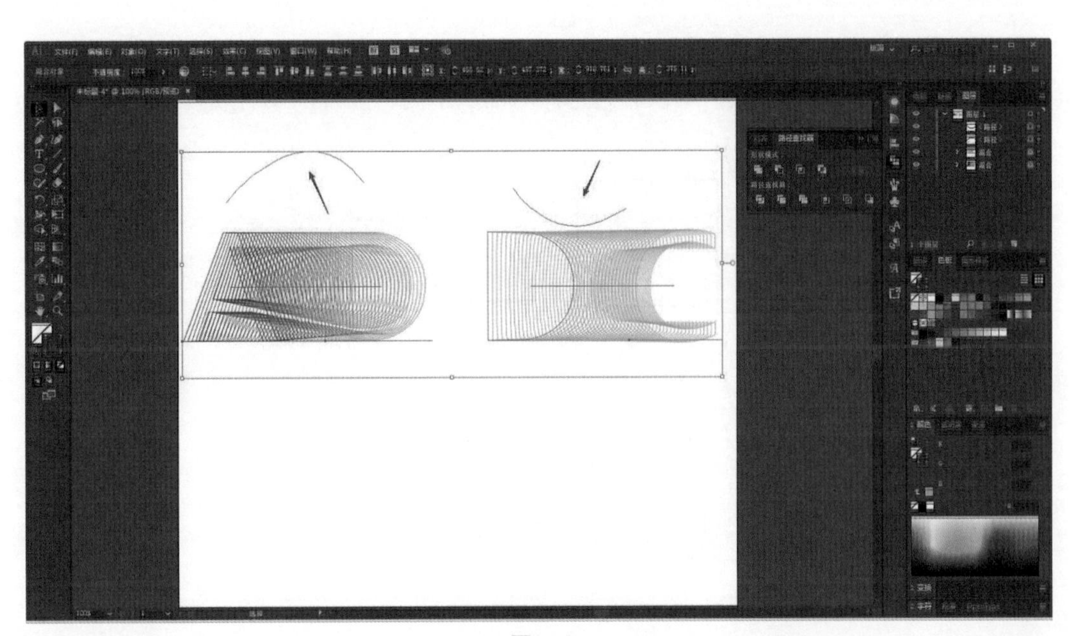

图 7-2

7.1.1　混合创建方式

1. 使用“混合工具”命令

（1）绘制用于混合的两个对象，可以是闭合路径，也可以是开放路径，如图 7-3 所示。

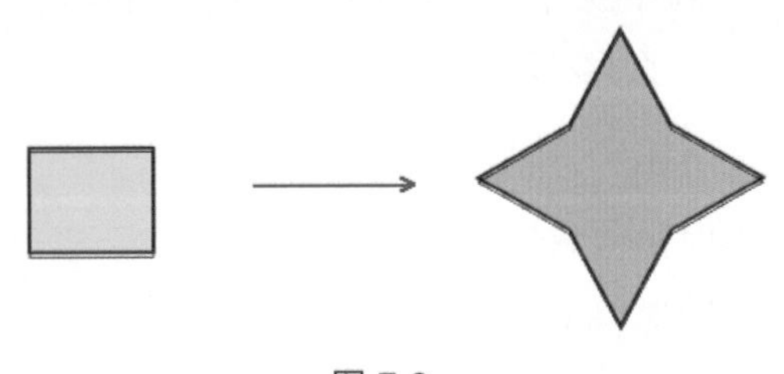

图 7-3

（2）在工具箱中选择“混合工具”，将光标移到第一个对象上单击，可以将该对象设置为混合的起始路径。

（3）将光标移到另一个对象上，当混合工具的光标右下角出现 + 号形状单击，可以将该对象设置为混合的目标对象，如图 7-4 所示。

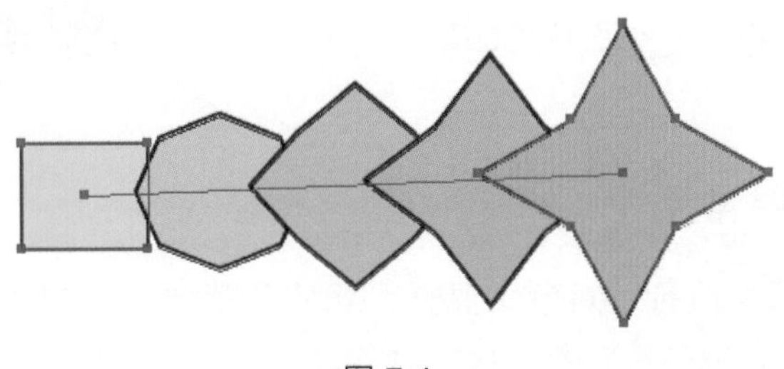

图 7-4

也可以单独单击锚点进行混合，可以创建出特殊效果的混合，如图 7-5 中圈中的点就是制作混合时单击的锚点，可以看到选择的锚点不同，混合出来的效果也不同。

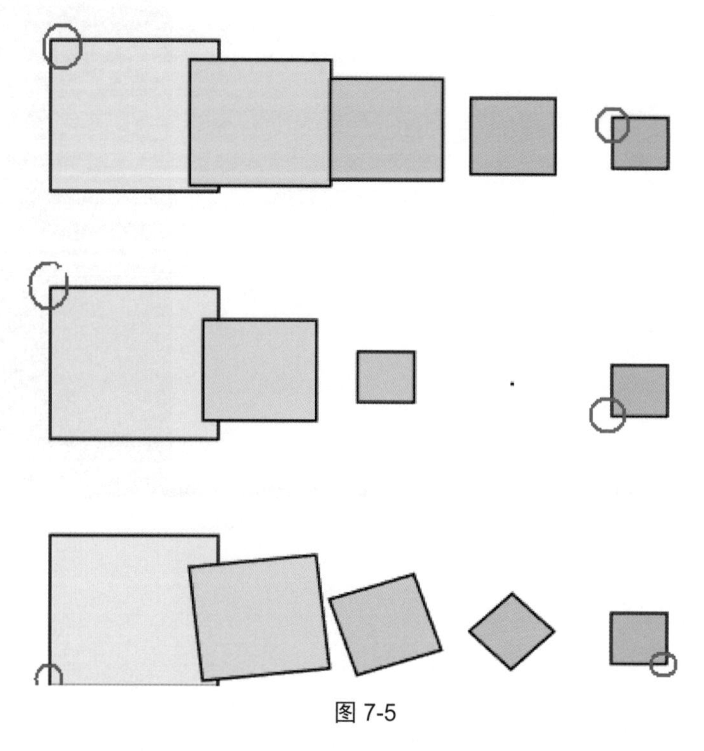

图 7-5

在使用“混合工具”制作混合时，将光标移到要进行混合的路径上，如果混合工具的光标下方没有出现小 + 或 × 号，则表示不能进行混合。

2. 使用“混合”菜单命令

选择需要混合的图形对象，执行“对象 > 混合 > 建立”菜单命令，即可制作出混合。这个方法特别适合在多个图形对象间制作混合。

7.1.2 编辑混合对象

选中混合对象，执行“对象 > 混合”子菜单中的命令可以编辑混合对象。

在设置混合步数的时候（图 7-6）。注意不要刻意追求太高的数值，因为太多的对象过渡会影响操作，降低屏幕重绘的速度，也可能会造成打印输出时间过长等问题。

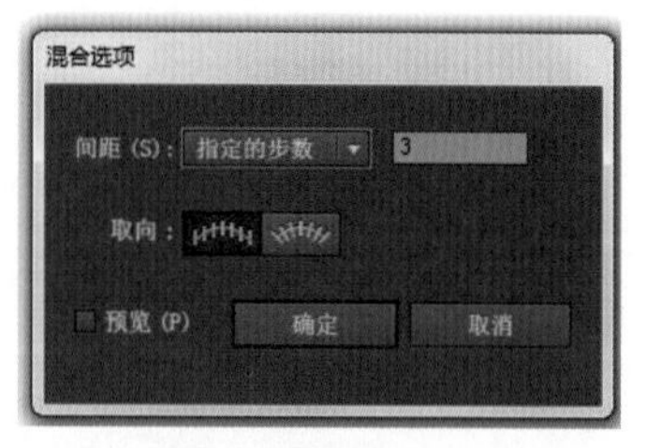

图 7-6

7.1.3 释放和扩展混合

选中混合对象后，执行“对象 > 混合 > 释放”菜单命令和“对象 > 混合 > 扩展”菜单命令可以释放和扩展混合对象。选择混合对象，如图 7-7（a）所示。

执行“对象 > 混合 > 释放”命令，将得到位于混合路径两端的两个对象和一条没有任何外观属性的路径，如图 7-7（b）所示。

执行“对象 > 混合 > 扩展”命令，扩展混合对象将删除混合路径，使所有组成混合对象的图形变为简单的组合在一起的多个对象，虽然效果还是混合，但路径的属性已经不再具备混合的性质了，如图 7-7（c）所示。

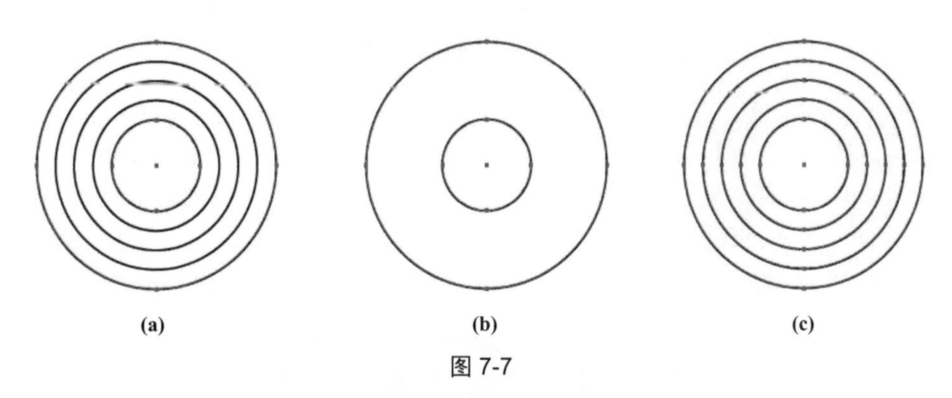

图 7-7

7.2　封套扭曲

使用“封套扭曲”菜单命令可以对图形进行扭曲或重新造型，它的应用相当宽泛，可以将“封套扭曲”应用于路径、符合路径、文本对象、网格、混合对象和导入到位图中。

当对一个对象使用“封套扭曲”菜单命令时，就好像把对象置入一个特定的容器中，从而使对象进行扭曲和变形，以得到一个特殊的变形效果，用户还可以将自己制作的图形或网格对象作为封套。

7.2.1　封套扭曲的创建方式

执行“对象 > 封套扭曲”菜单命令，可以看到子菜单中提供了多个与封套扭曲相关的命令，如图 7-8 所示。

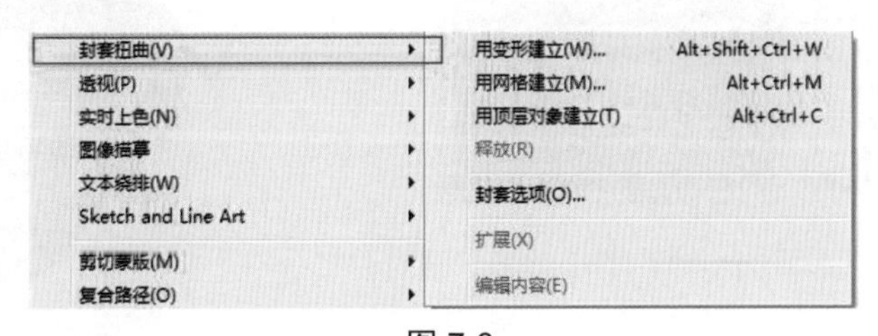

图 7-8

1. 使用预置的封套创建封套扭曲

选中对象，执行“对象 > 封套扭曲 > 用变形建立”菜单命令，在“变形选项”对话框中单击样式下拉列表，从列表中可以选择一种合适的封套样式，进行变形参数设置，如图 7-9 所示。

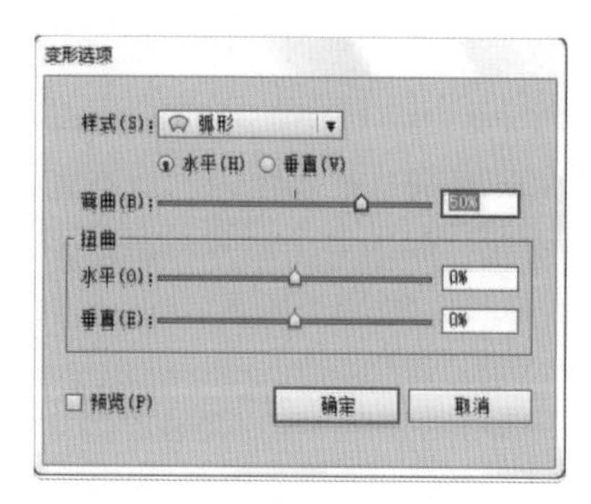

图 7-9

扭曲变形后的效果如图 7-10 所示。

将扭曲变形后的复合对象选中后，这时“封套”子菜单中原先为“用变形建立”的命令则变为了“用变形重置”，若执行该命令可以重新设定封套扭曲参数。

图 7-10

2. 使用“用网格建立”命令创建封套扭曲

“用网格建立”是给图形创建一个矩形网格状的封套。通过改变网格路径上的节点和方向线，可以改变矩形网格的形状，从而使封套中的对象也发生相应的变化，这种对网格的操作类似渐变网格，如图 7-11 所示。

添加封套网格后，可以使用“直接选择工具”改变网格封套的形状，而使对象的形状以及对象中填充的图案扭曲，如图 7-12 所示。

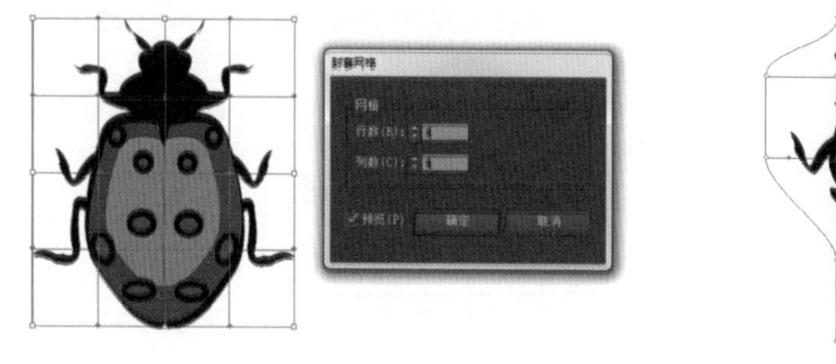

图 7-11

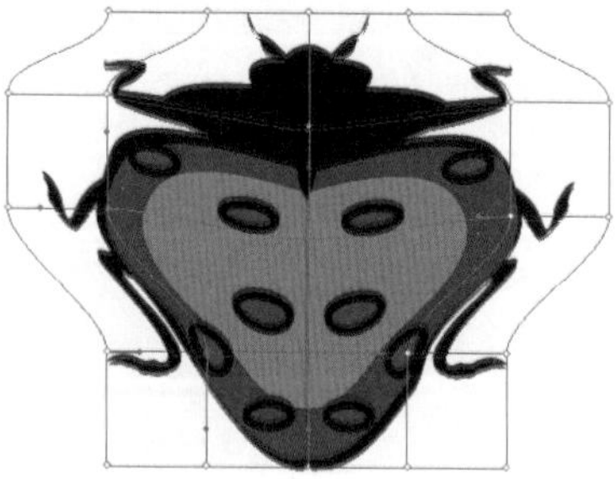

图 7-12

3. 使用“用顶层对象建立”命令创建封套扭曲

选择要作为封套的对象，把它放置在要进行封套扭曲的对象上，选中封套和对象，如图 7-13 所示，执行“对象 > 封套扭曲 > 用顶层对象建立”菜单命令，最终效果图如图 7-14 所示。

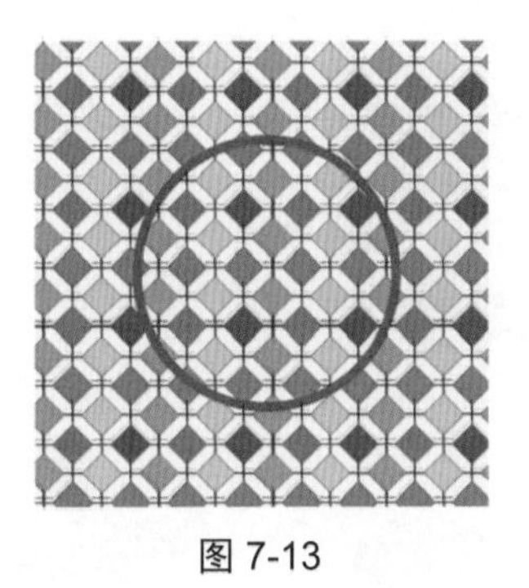

图 7-13

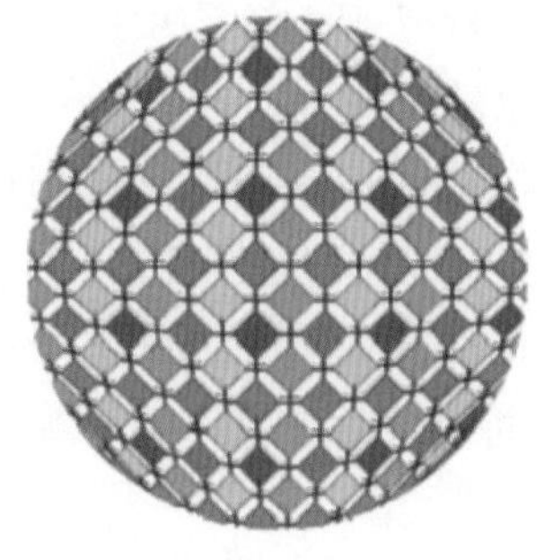

图 7-14

7.2.2　应用封套的其他命令

1. 封套选项

在使用封套扭曲前，可以通过执行“封套扭曲 > 封套选项”菜单命令，在弹出的“封套选项”对话框中设置与“封套扭曲”相关的参数，如图 7-15 所示。

（1）保真度：该选项用于设定扭曲后的对象与封套形状的逼真程度，其值越大，和封套越相似，图 7-16 所示保真度为 0，图 7-17 所示保真度为 100。

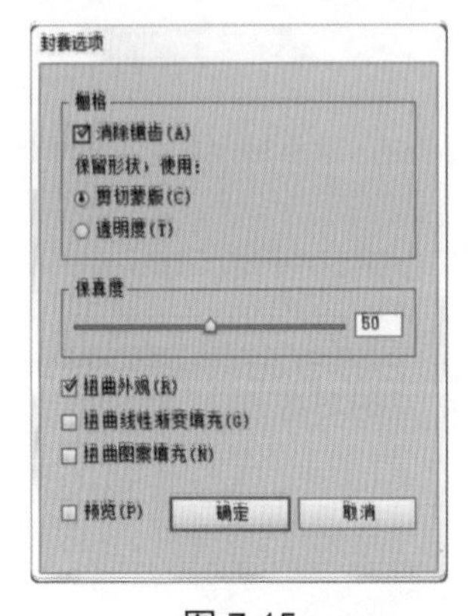

图 7-15

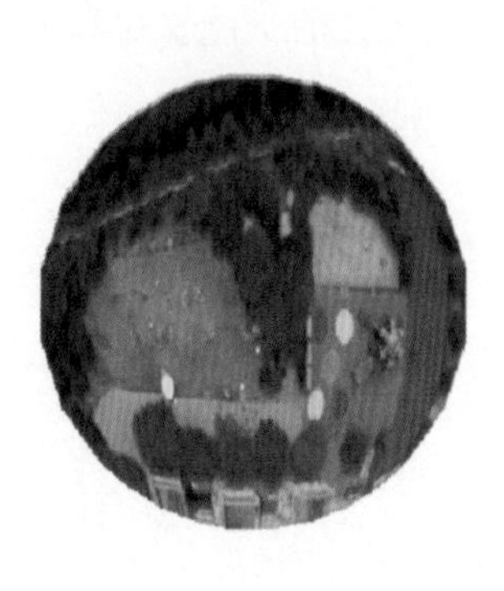

图 7-16

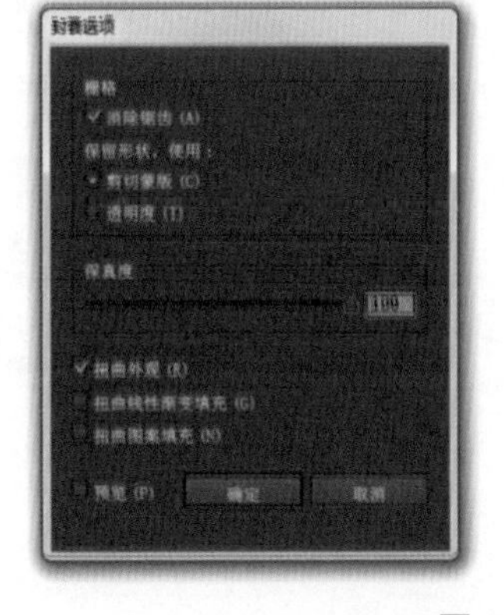

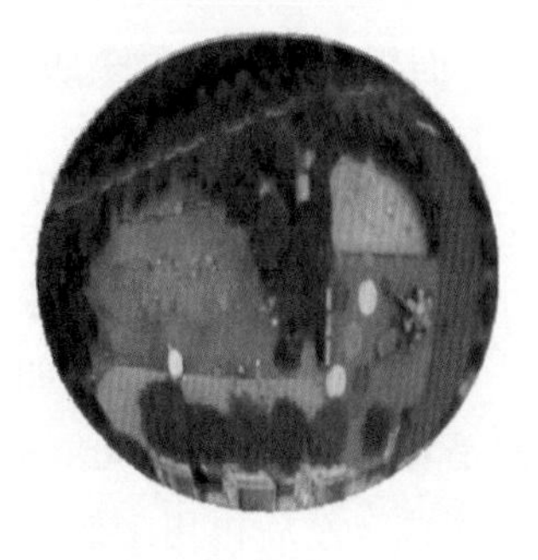

图 7-17

（2）扭曲外观：该选项用来设定是否扭曲对象的外观。

（3）扭曲线性渐变：该选项用来设定是否扭曲对象的线性渐变。

（4）扭曲图案填充：该选项用来设定是否扭曲对象的填充图案，如图 7-18 所示。

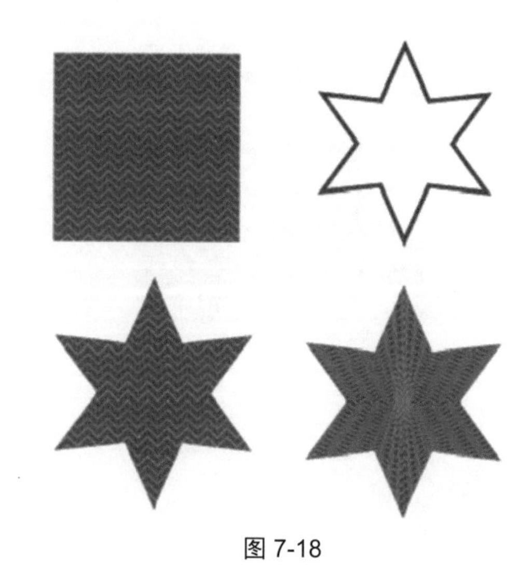
图 7-18

2. 释放复合对象

将复合对象选中，执行“对象 > 封套扭曲 > 释放”菜单命令，可以完成该项操作，释放后的对象将恢复为原来的状态。

3. 扩展复合对象

将复合对象选中，执行“对象 > 封套扭曲 > 扩展”菜单命令，可以把原来作为封套的图形删除，而只留下已经扭曲变形的对象，但这时留下的图形已经变成一个普通的对象，而不能够对其再次进行和封套编辑有关的操作了。

7.3 蒙版

蒙版用于遮盖对象，使其不可见或呈现透明效果，但不会删除对象。Illustrator 中可以创建两种蒙版，即不透明度蒙版和剪切蒙版。

剪切蒙版用于控制对象的显示范围，不透明度蒙版用来控制对象的显示程度（即透明度）。路径、复合路径、组对象或文字都可以用来创建蒙版。

7.3.1 创建不透明度蒙版

创建不透明蒙版时，首先要将蒙版图形放在被遮盖的对象上面，然后将它们选中，单击“透明度”面板中的“制作蒙版”按钮即可，如图 7-19 所示。

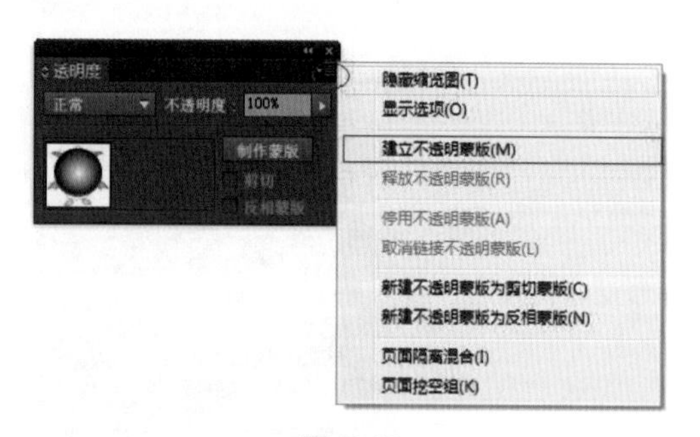

图 7-19

蒙版对象（上面的对象）中：黑色会遮盖下方，使其完全透明；灰色会使对象呈现半透明效果；白色不会遮盖对象。如果用作蒙版的对象是彩色的，则 Illustrator 会将它转换为灰度模式，然后再用来遮盖对象，如图 7-20 所示。

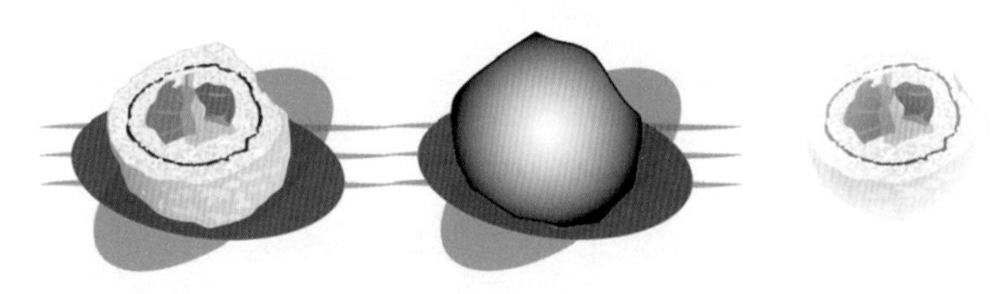

图 7-20

7.3.2　编辑不透明度蒙版

创建不透明度蒙版后，“透明度”面板中会出现两个缩览图，左侧是被遮盖的对象缩览图，右侧是蒙版缩览图，如果要编辑对象，应单击对象缩览图，如果要编辑蒙版，则单击蒙版缩览图，如图 7-21 所示。

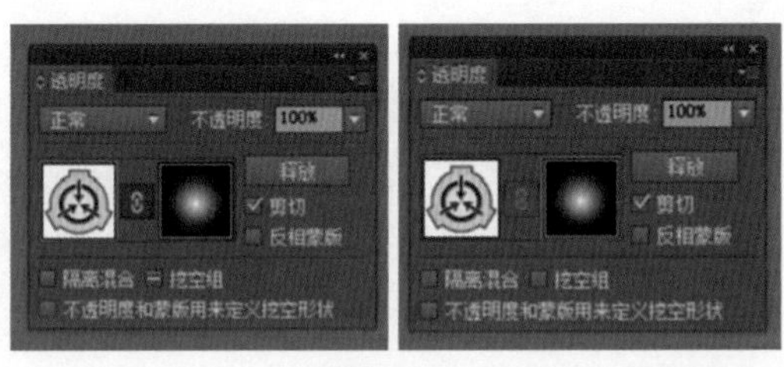

图 7-21

按住 Alt 键并单击蒙版缩览图，画板中会单独显示蒙版对象；按住 Shift 键并单击蒙版缩览图，可以暂时停用蒙版，缩览图上会出现一个红色的“×”；按住相应按键并再次单击缩览图，可恢复不透明度蒙版。在“透明度”面板中还可以设置以下选项：

- 链接按钮：两个缩览图中间的按钮表示对象与蒙版处于链接状态，此时移动或旋转对象时，蒙版将同时变换，遮盖位置不会变化。单击链接按钮可以取消链接，此后可以单独移动对象或蒙版，也可对其执行其他操作。
- 剪切：在默认情况下，该复选项处于勾选状态，此时位于蒙版对象以外的图稿都被剪切掉，如果取消对该复选项的勾选，则蒙版以外的对象会显示出来，如图 7-22 所示。
- 反相蒙版：勾选该复选项，可以反转蒙版的遮盖范围，如图 7-23 所示。

图 7-22

图 7-23

- 隔离混合：在“图层”面板中选择一个图层或组，然后勾选该复选项，可以将混合模式与所选图层或组隔离，使它们下方的对象不受混合模式的影响。
- 挖空组：选择该复选项后，可以保证编组对象中单独的对象或图层在相互重叠的地方不能透过彼此而显示。
- “不透明度和蒙版用来定义挖空形状”用来创建与对象不透明度成比例的挖空效果。挖空是指透过当前的对象显示出下面的对象，要创建挖空，对象应使用除“正常”模式以外的混合模式。

7.3.3　释放不透明度蒙版

如果要释放不透明度蒙版，可以选择对象，然后单击“透明度”面板中的“释放”按钮，对象就会恢复到蒙版前的状态。

7.3.4　创建剪切蒙版

在对象上方放置一个图形，单击“图层”面板中的“建立 / 释放剪切蒙版”按钮，或执行“对象 > 剪切蒙版 > 建立”命令，即可创建剪切蒙版。将蒙版图形（称为“剪贴路径”）以外的对象隐藏，如果对象位于不同的图层，则创建剪切蒙版后，它们会调整到位于蒙版对象最上面的图层中，如图 7-24 所示。

图 7-24

只有矢量对象可以作为剪切蒙版，但任何对象都可以作为被隐藏的对象，包括位图图像、文字和其他对象。

7.3.5　释放剪切蒙版

选择剪切蒙版对象，执行“对象 > 剪切蒙版 > 释放”命令，或单击“图层”面板中的“建立 / 释放剪切蒙版”按钮，即可释放剪切蒙版，使被剪贴路径遮盖的对象重新显示出来。

7.4　变形对象设计案例

7.4.1　案例 1：封套扭曲文字

本案例主要设计培训机构的宣传素材，画面清新活泼，主要借助于封套扭曲知识点对文字进行变形处理，让文字内容绕着图形效果发生扭曲。具体设计步骤如下：

（1）新建画板大小 800px × 800px，颜色模式 RGB，分辨率 300，具体参数如图 7-25 所示。

（2）利用“圆形工具”绘制大、小两个圆形，小圆填充如图 7-26 所示的颜色作为背景。

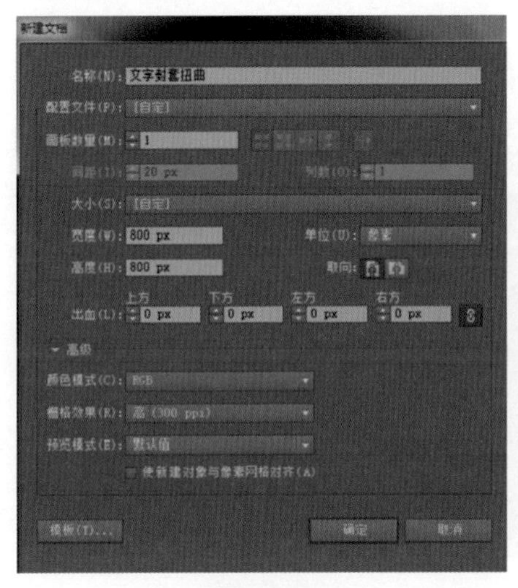

图 7-25

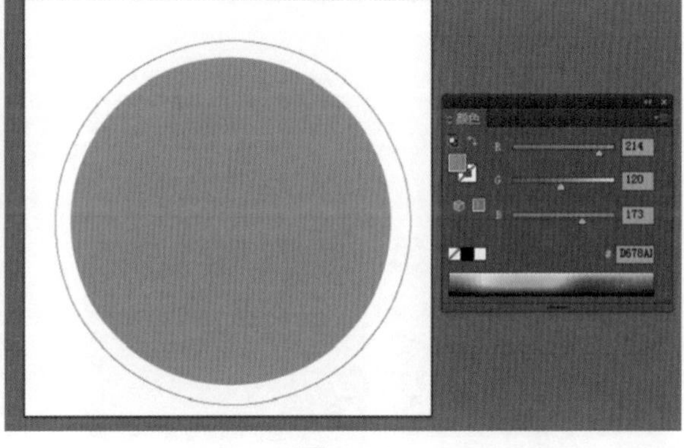

图 7-26

（3）为大圆的描边填充同样的描边效果，设置“描边粗细”为 5pt，选中大小两个圆形，然后选择其中的一个圆形作为参照对象，分别单击“属性”面板中的“水平居中”“垂直居中”对齐按钮，如图 7-27 所示，将两个圆形居中对齐。

（4）在背景图形中绘制一个小牛的图形效果，先绘制小牛的头部，如图 7-28 所示。

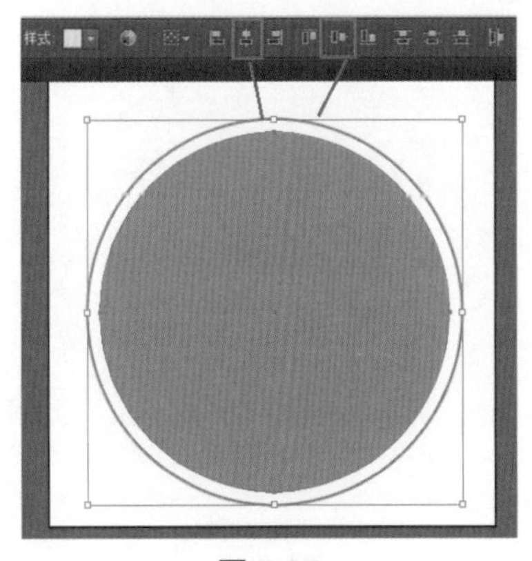

图 7-27

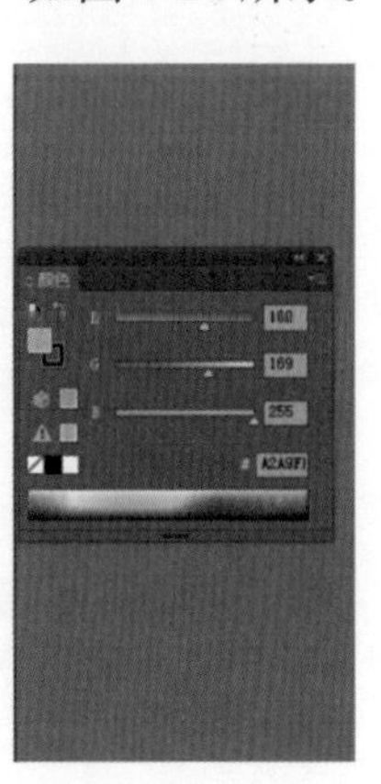

图 7-28

（5）继续绘制小牛的嘴巴和鼻子，鼻子部分填充渐变色，如图 7-29 所示。

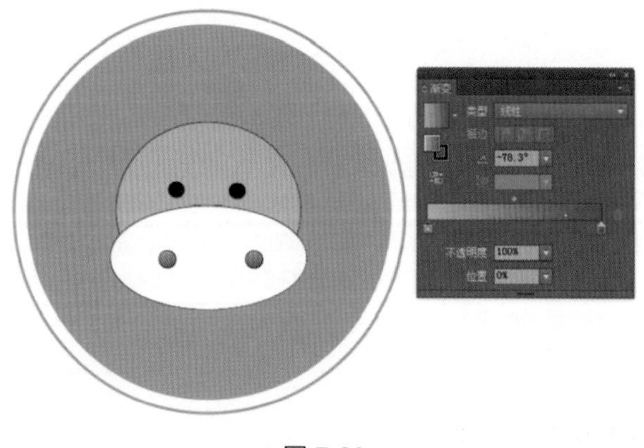

图 7-29

（6）绘制小牛一侧的牛角，颜色参数如图 7-30 所示，效果如图 7-31 所示。

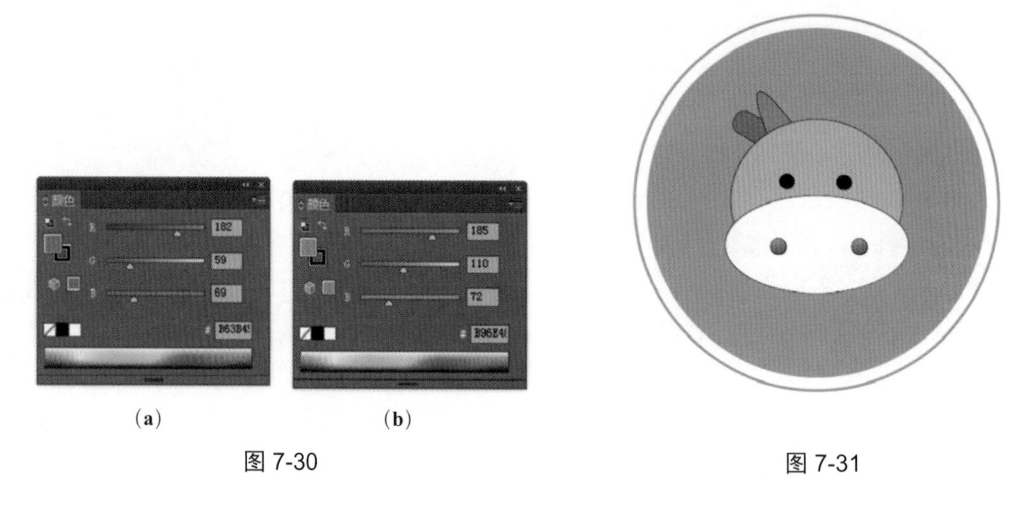

（a）　（b）

图 7-30　图 7-31

（7）选择将小牛一侧的两个角，单击右键选择“编组”，单击“镜像工具”，弹出如图 7-32 所示的对话框，选择“复制”，得到如图 7-33 所示效果。

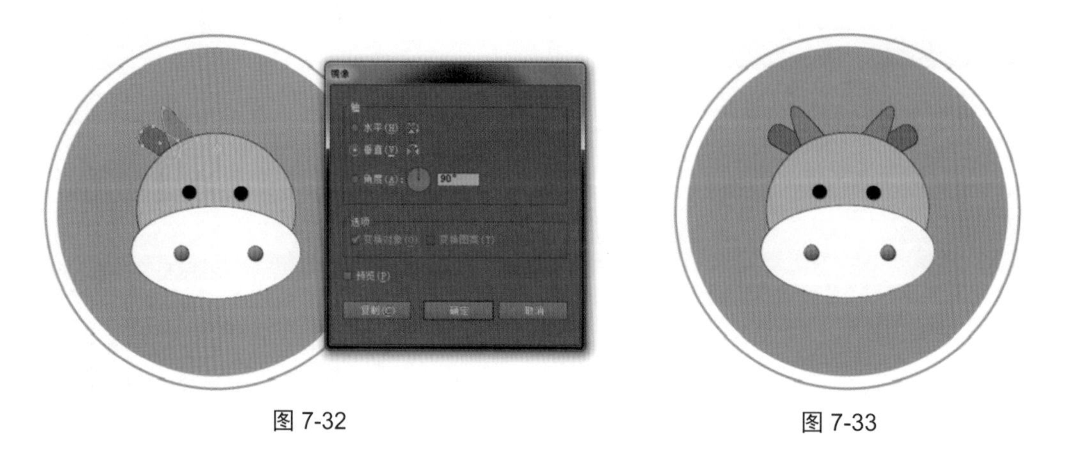

图 7-32　图 7-33

（8）选择“圆形工具”为小牛添加腮红，排列到鼻子的后面，在“外观面板”中设置羽化参数，如图 7-34 所示。

（9）选择小牛所有部件进行编组，调整大小和位置，按住 Alt 键进行复制，如图 7-35 所示。

图 7-34　　　　图 7-35

（10）输入文字信息，在“外观面板”中设置相应的填充色，具体参数如图 7-36 所示，将描边设置为白色，“描边粗细”为 16pt，将描边移到填色下方。

（11）选中文字，单击鼠标右键，选择“创建轮廓”，取消文字的属性，如图 7-37 所示。

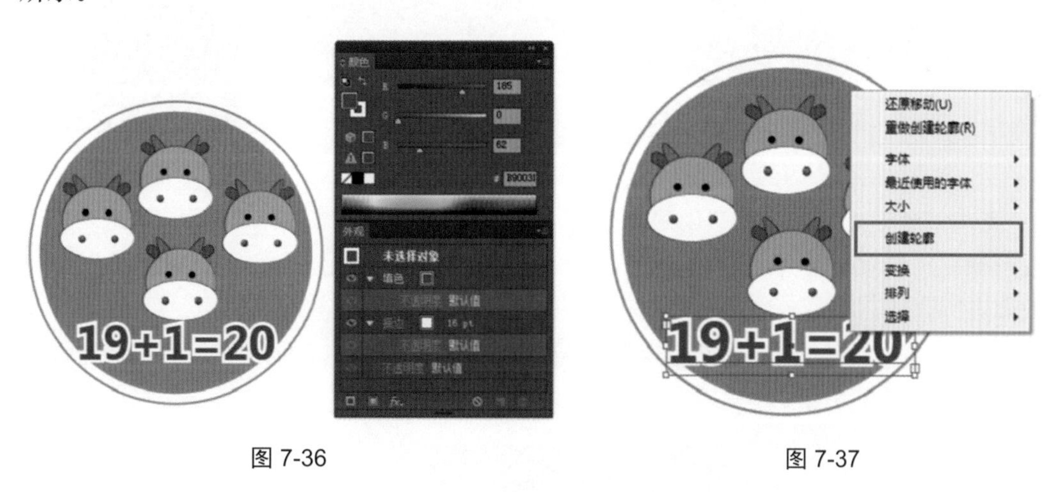

图 7-36　　　　图 7-37

（12）对创建了轮廓的文字进行变形，选择菜单栏的“对象”>“封套扭曲”>“用变形建立”选项，如图 7-38 所示。

（13）在弹出的“变形选项”对话框中选择“弧形”样式，其余参数根据实际效果进行调节，如图 7-39 所示。

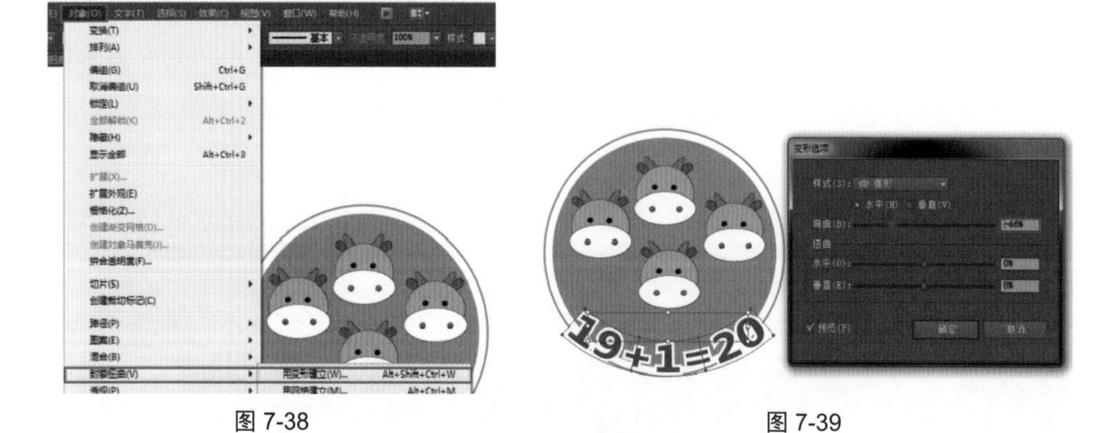

图 7-38　　　　图 7-39

（14）如果对于调节效果不满意，可以选择“直接选择工具”编辑建立了封套扭曲的锚点，进行细节调整，如图 7-40 所示。

（15）调节好数字效果之后，在小牛图形的上方继续输入文字信息，在“外观”面板中设置文字的填色效果，具体参数如图 7-41 所示。

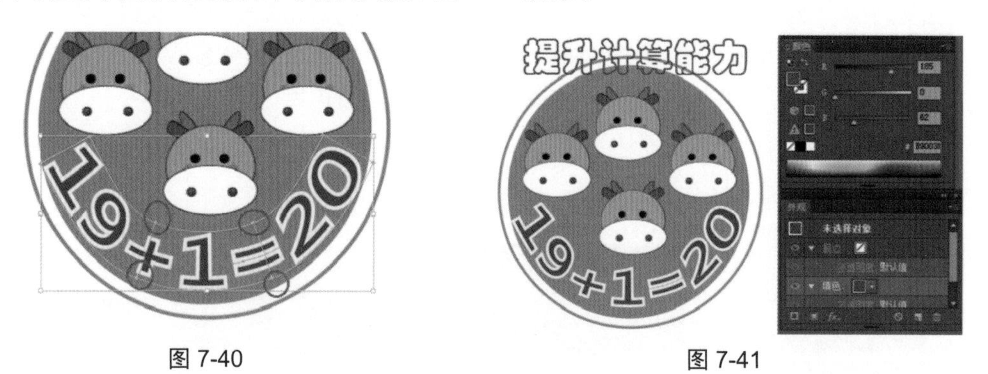

图 7-40　　　　图 7-41

（16）选中文字，右键“创建轮廓”，选择菜单栏的“对象”>“封套扭曲”>“用变形建立”选项，在弹出的“变形选项”对话框中选择“弧形”样式，参数根据实际效果进行调节，如图 7-42 所示。

（17）调节后的效果如图 7-43 所示，利用“直接选择工具”选中扭曲锚点，对封套扭曲后的文字进行细节调节。

图 7-42　　　　图 7-43

（18）选中与文字相交的外框圆形，在如图 7-44 所示的位置处添加锚点。

（19）使用“直接选择工具”选中上面的锚点并按住 delete 键删除，最终效果如图 7-45 所示。

图 7-44

图 7-45

7.4.2　案例 2：糖罐综合设计

本案例使用“钢笔工具”“铅笔工具”和“画笔工具”绘制糖果轮廓，借助于“实时上色”“渐变上色”和“渐变网格工具”完成糖果罐和糖果效果的上色。具体设计步骤如下：

（1）新建文件大小 600px × 600px，颜色模式 RGB，分辨率 300，具体参数设置如图 7-46 所示。

（2）使用“钢笔工具”绘制如图 7-47 所示的糖果图形效果。

（3）选择“实时上色工具”，在所绘制的糖果边上单击，建立实时上色组，如图 7-48 所示。

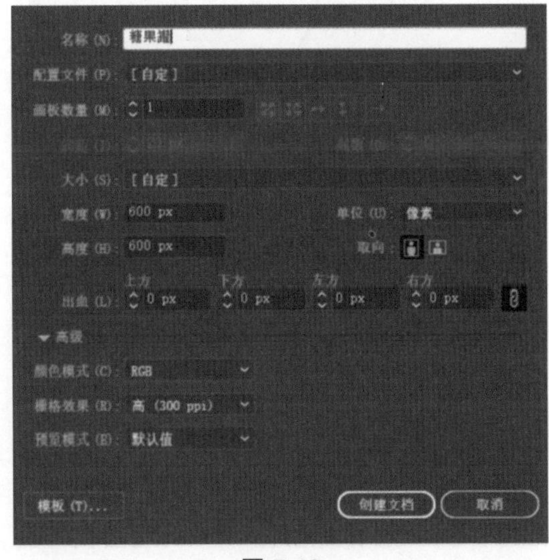

图 7-46

图 7-47

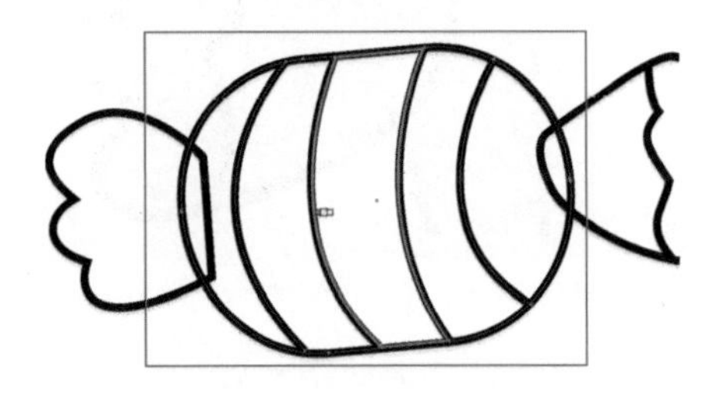

图 7-48

（4）对建立实时上色组的糖果部分进行上色，具体颜色参数设置如图 7-49 所示。

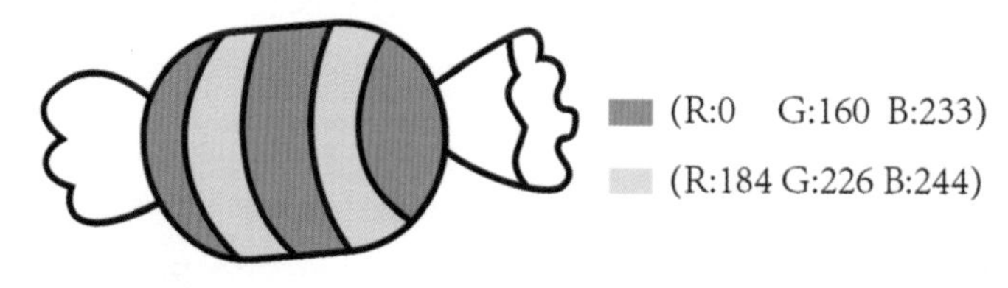

图 7-49

（5）选择左侧的部分完成单击“渐变面板”，选择“径向渐变”，使用“渐变工具”进行渐变细节的调节，如图 7-50 所示。

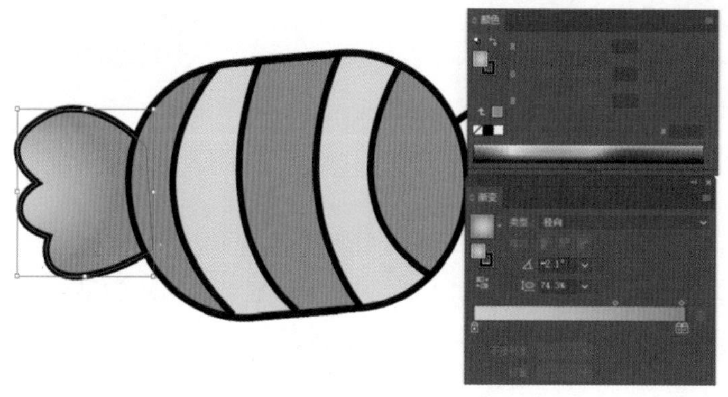

图 7-50

（6）选择糖果右侧部分，单击“实时上色工具”建立实时上色组，如图 7-51 所示。

（7）对建立好实时上色组的对象选择合适的颜色填色，如图 7-52 所示。为了增加光线效果的变化，需要对实时上色对象进行渐变上色，单击实时上色组，选择“属性面板”中的“扩展”命令，如图 7-53 所示，将对象扩展为编组对象。

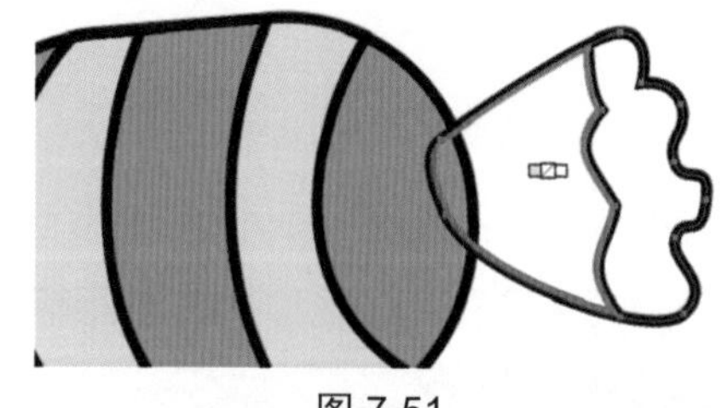

图 7-51

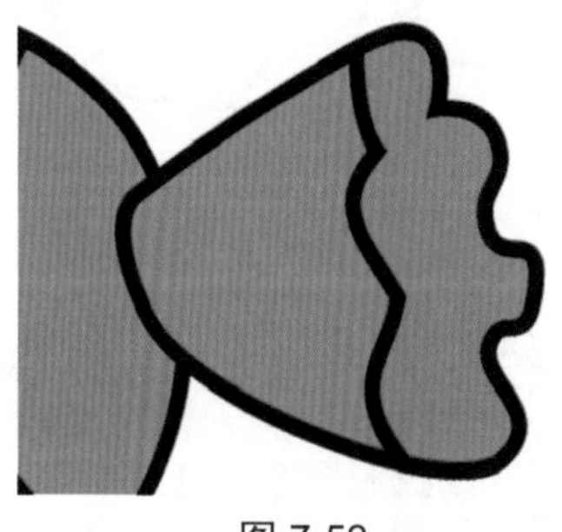

图 7-52

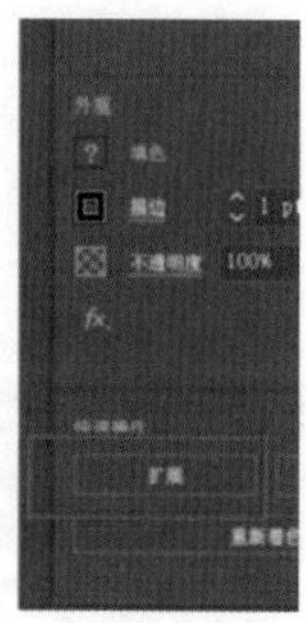

图 7-53

（8）选择前面所填充好的糖果左侧的颜色，调出“外观面板”，将“外观面板”上的小视图拖动到扩展后的编组对象上，如图 7-54 所示。

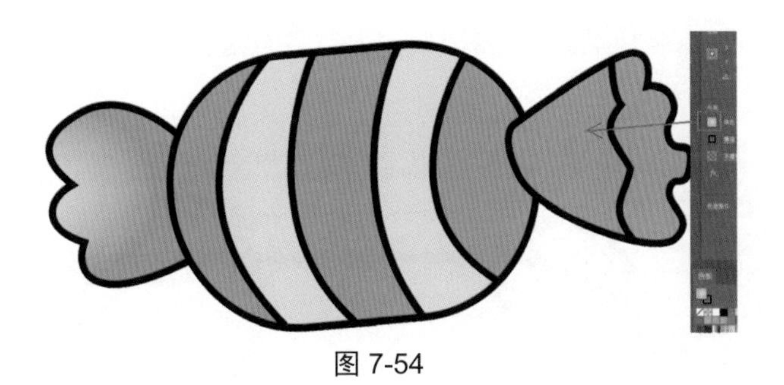

图 7-54

（9）选择组合成糖果的所有路径对象，单击鼠标右键，选择“编组”命令，如图 7-55 所示。

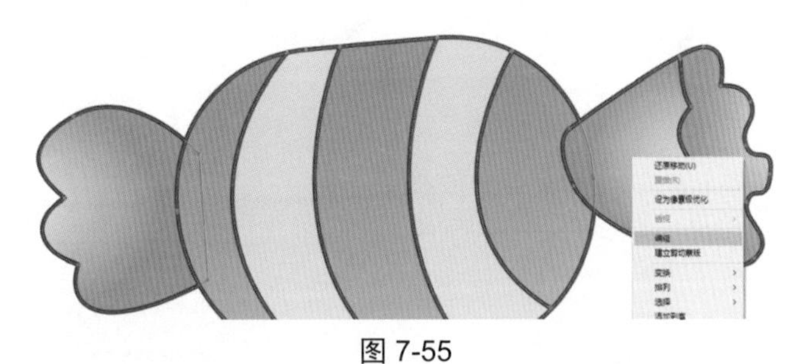

图 7-55

（10）最终糖果的效果如图 7-56 所示。

（11）开始第二个糖果效果的绘制，选择“钢笔工具”绘制如图 7-57 所示的效果。

图 7-56　　　　图 7-57

（12）为中间部分添加装饰图形效果，由于形状不规则，可以使用“铅笔工具”进行绘制，如图 7-58 所示。

（13）选中中间部分，选择“路径查找器面板”中的“分割”命令，如图 7-59 所示。

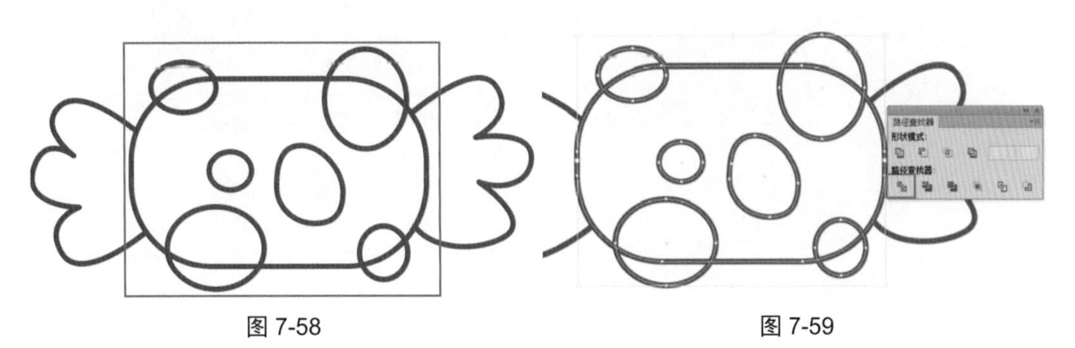

图 7-58　　　　图 7-59

（14）分割后的对象为“编组”对象，选择“编组选择工具”，单击外面多余的部分，如图 7-60 所示。

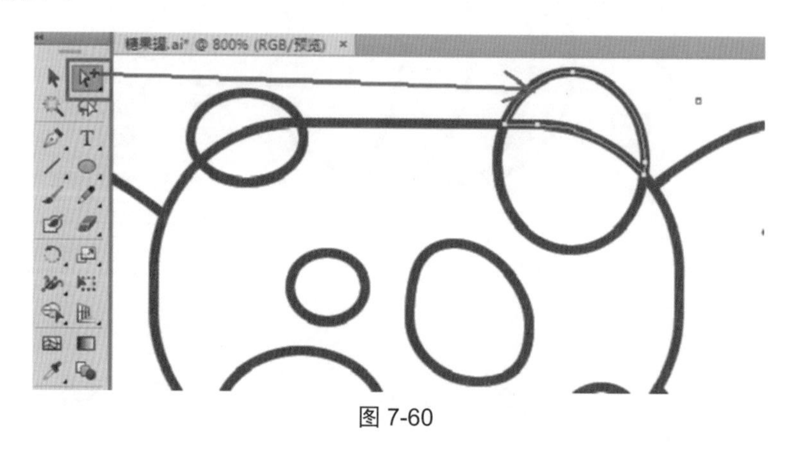

图 7-60

（15）将选中的路径按住“delete”键删除，效果如图 7-61 所示。

（16）选中糖果路径，选择“实时上色工具”，在路径对象附近单击，建立实时上色组，如图 7-62 所示。

图 7-61　　图 7-62

（17）选中合适的颜色对“实时上色组”对象进行上色，效果如图 7-63 所示。

（18）选中上色后的“实时上色组”对象，单击“属性面板”中的“扩展命令”，如图 7-64 所示。

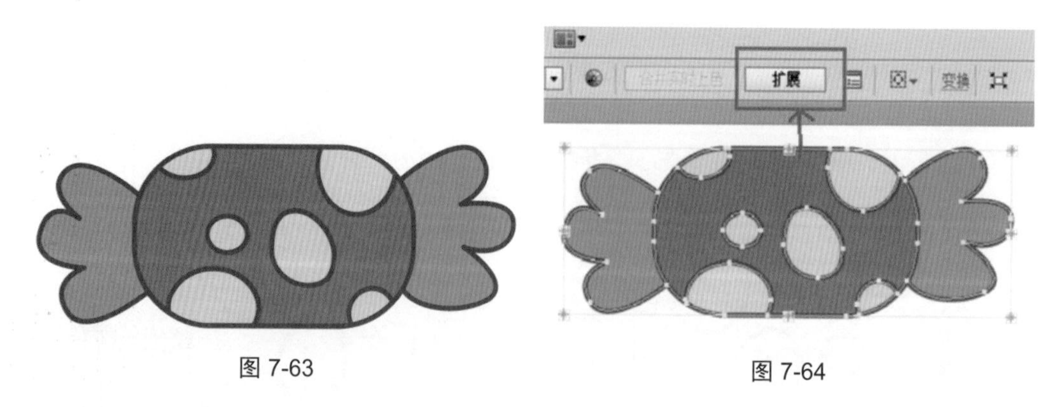

图 7-63　　图 7-64

（19）扩展后的对象变为普通的“编组对象”，单击鼠标右键，选择“取消编组”，如图 7-65 所示。

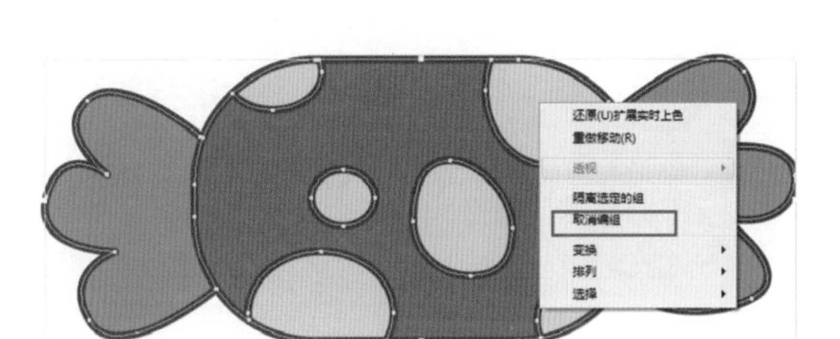

图 7-65

（20）多次“取消编组”后，单击中间的部分，点击右键，选择“释放复合路径”命令，如图 7-66 所示。

（21）选择“渐变网格工具”，为中间部分建立网格点，并进行上色，让画面有一定的明暗层次效果，如图 7-67 所示。

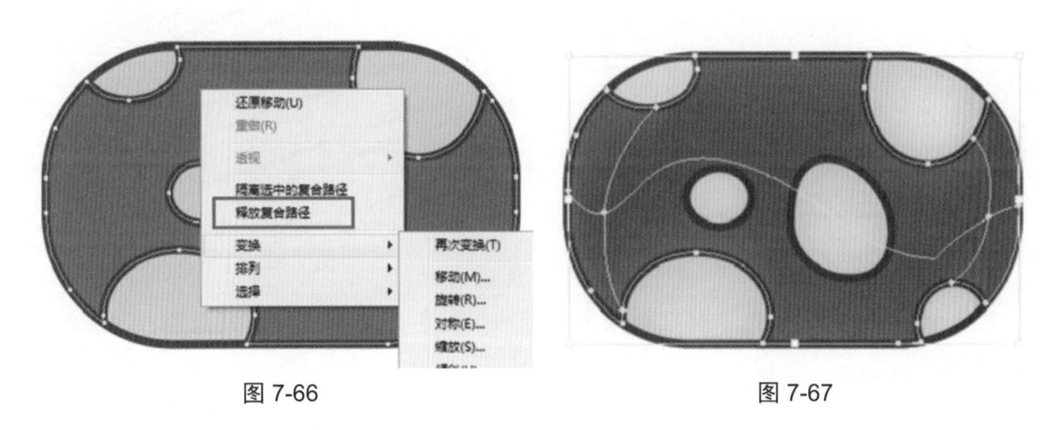

图 7-66　　　　图 7-67

（22）在糖果的左侧部分添加如图 7-68 所示的效果，右侧部分添加稍微复杂点的网格点，体现糖纸的褶皱感，如图 7-69 所示。

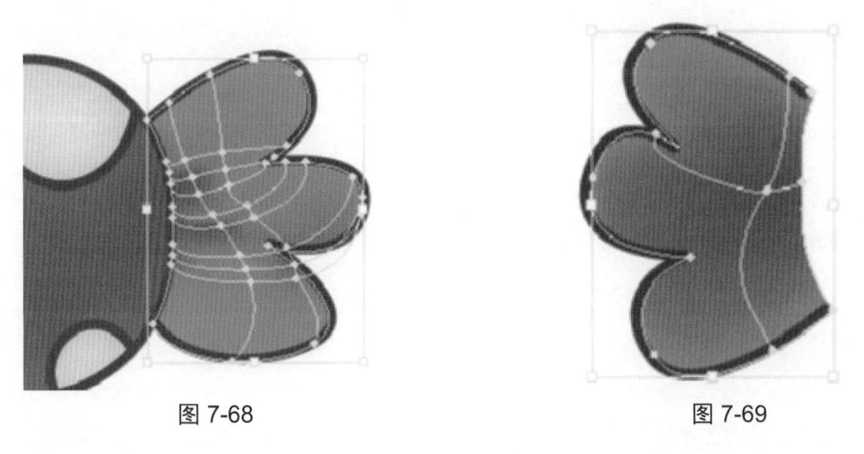

图 7-68　　　　图 7-69

（23）将糖果的左右两侧进行复制，得到如图 7-70 所示的效果。

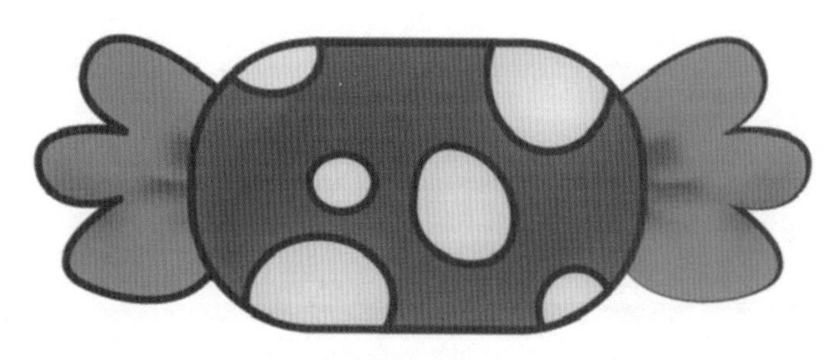

图 7-70

（24）使用“圆角矩形工具”和“钢笔工具”绘制第三个糖果的效果，如图 7-71 所示。

（25）使用“直线段工具”在糖果上添加装饰图形，选中中间部分，选择“路径查找器面板”中的分割命令，如图 7-72 所示，去掉多余的线条。

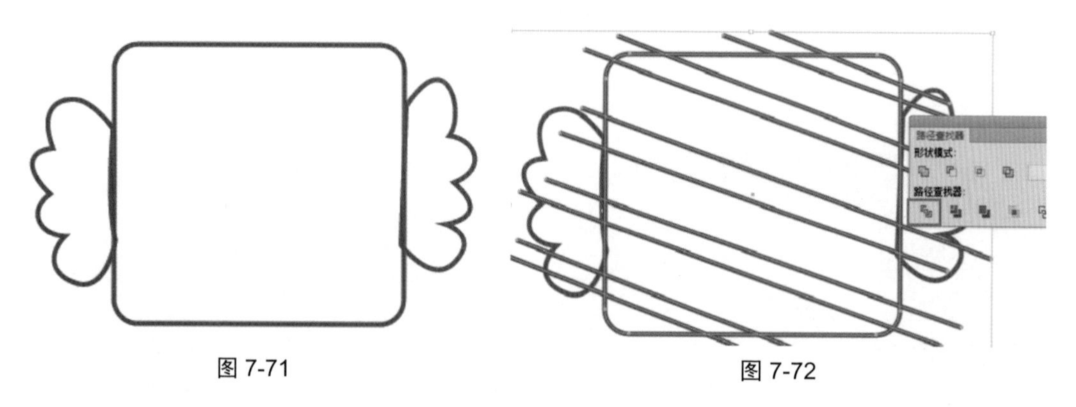

图 7-71　　图 7-72

（26）使用“实时上色工具”对糖果进行初步上色，选择两种主打颜色，具体效果如图 7-73 所示。

（27）对“实时上色组”对象扩展，外观效果进行微调，填充“渐变颜色”效果，在左右两侧使用“画笔工具”勾勒线条，调节“描边粗细”大小，最终效果如图 7-74 所示。

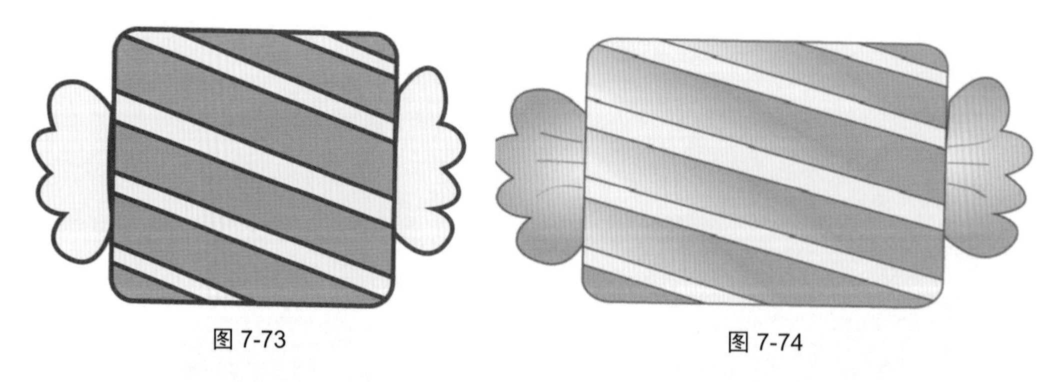

图 7-73　　图 7-74

（28）使用“基本图形工具”和“钢笔工具”继续绘制第四个糖果效果，如图 7-75 所示。

（29）为糖果上面添加作为装饰的月牙图形，如图 7-76 所示，单击“路径查找器面板”中的“分割”命令。

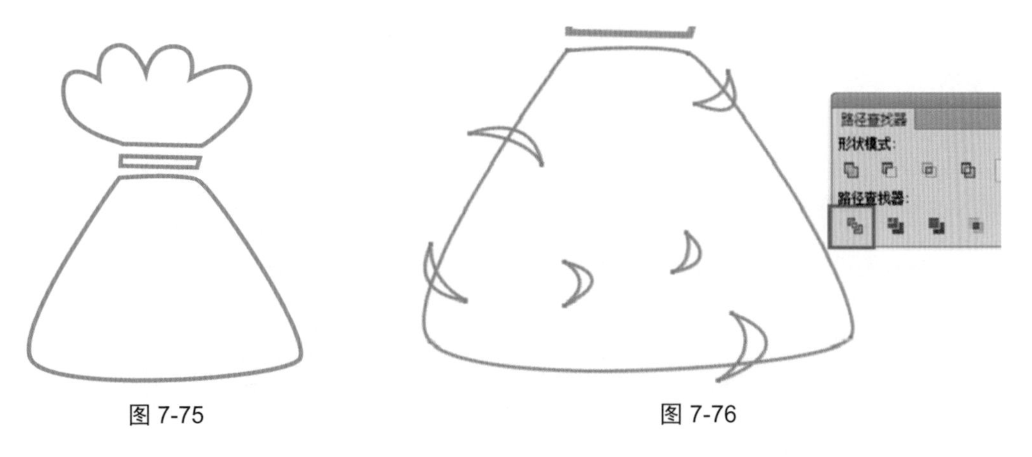

图 7-75　　　　图 7-76

（30）删除多余的图形部分，得到如图 7-77 所示的效果。

（31）选择“渐变工具”，为所绘制的糖果图形填充主打渐变色调效果，如图 7-78 所示。

图 7-77　　　　图 7-78

（32）为了让画面更有质感，需要在渐变颜色的基础上添加“渐变网格”效果。选中糖果上半部分，单击“对象”菜单中的“扩展命令”，弹出如图 7-79 所示的对话框，进行相应参数的设置，将“渐变”扩展为“渐变网格”。

（33）使用“渐变网格工具”为“渐变网格”对象添加渐变网格效果，如图 7-80 所示。

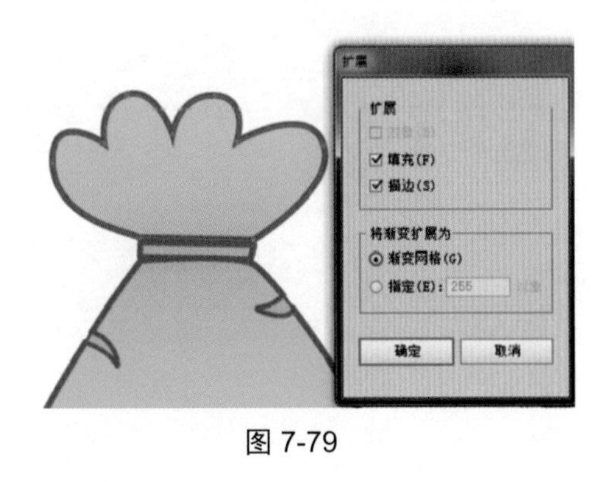

图 7-79

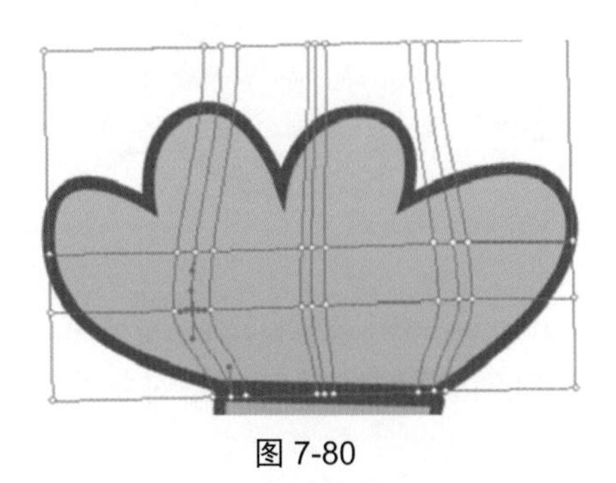

图 7-80

（34）使用“套索工具”为渐变网格对象上色，如图 7-81 所示。

（35）上色后的糖果效果如图 7-82 所示。

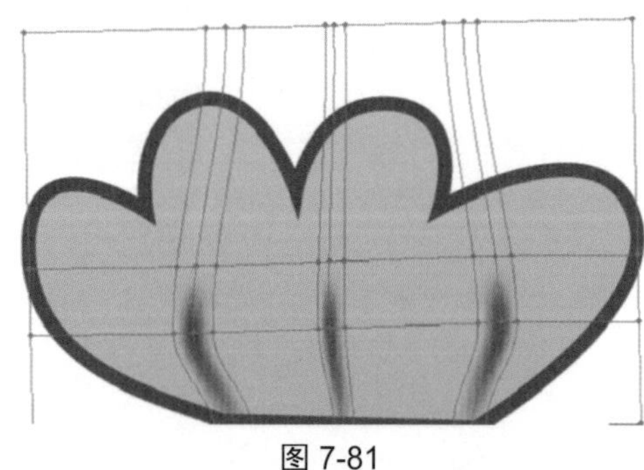

图 7-81

图 7-82

（36）绘制第五个糖果效果，使用“基本图形工具”和“钢笔工具”进行绘制，如图 7-83 所示。

（37）使用“铅笔工具”为中间部分添加装饰图形效果，选中中间部分，选择“路径查找器面板”中的“分割命令”，如图 7-84 所示，删除多余的部分。

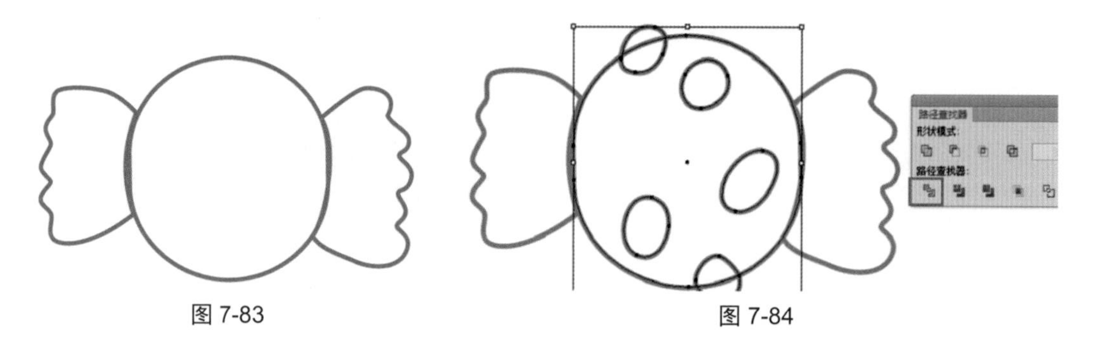

图 7-83　　图 7-84

（38）对路径对象使用建立“实时上色组”进行初步上色，如图 7-85 所示。将“实时上色对象”进行扩展，进行“渐变填色”，如图 7-86 所示。

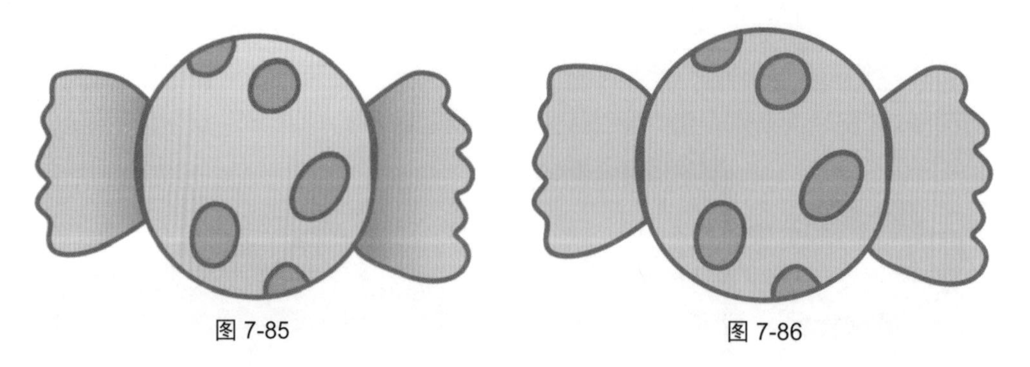

图 7-85　　图 7-86

（39）选择两侧的渐变部分，单击“对象”菜单栏的“扩展命令”，如图 7-87 所示，将“渐变对象”扩展为“网格对象”。

图 7-87

（40）对“渐变网格对象”进行上色，如图 7-88 所示。为左侧部分同样添加渐变网格效果，如图 7-89 所示。

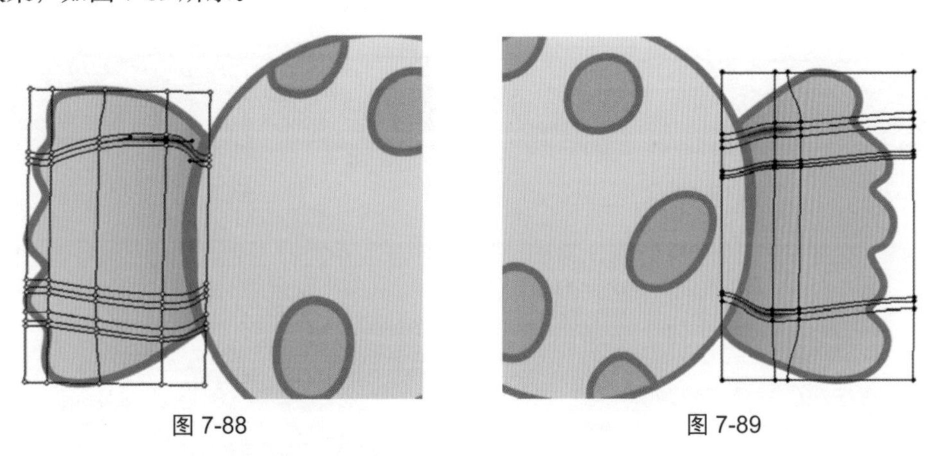

图 7-88　　　　图 7-89

（41）糖果的效果如图 7-90 所示。

（42）使用“钢笔工具”和“基本图形工具”绘制糖罐的图形，如图 7-91 所示。

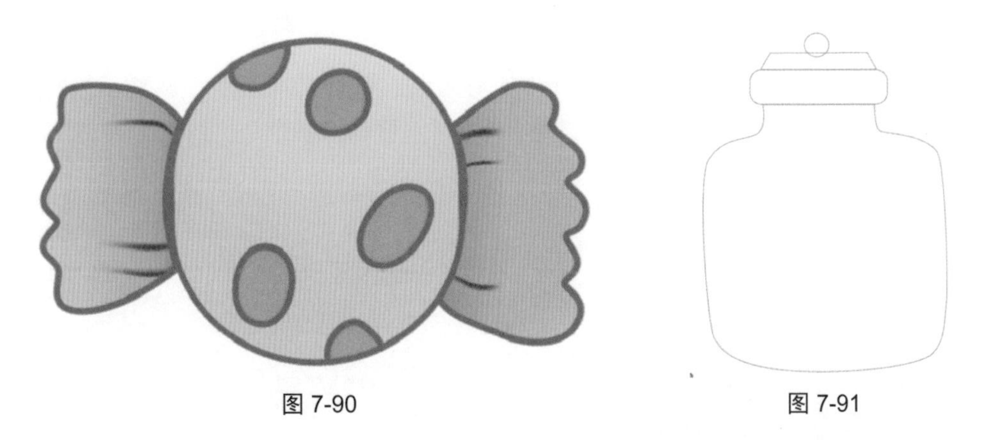

图 7-90　　　　图 7-91

（43）使用“渐变网格工具”建立如图 7-92 所示的渐变网格点，对网格点进行上色，效果如图 7-93 所示。

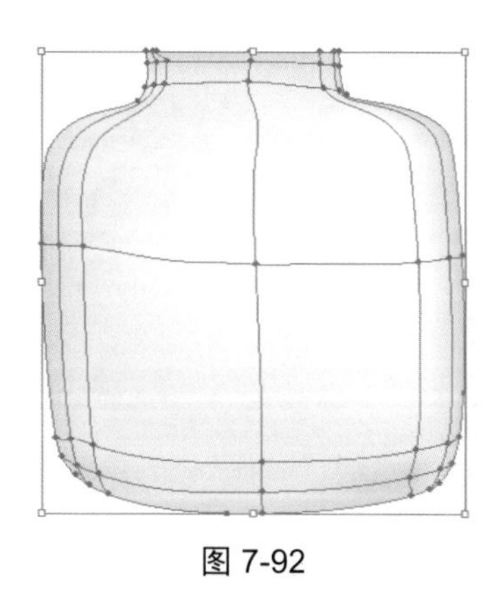

图 7-92

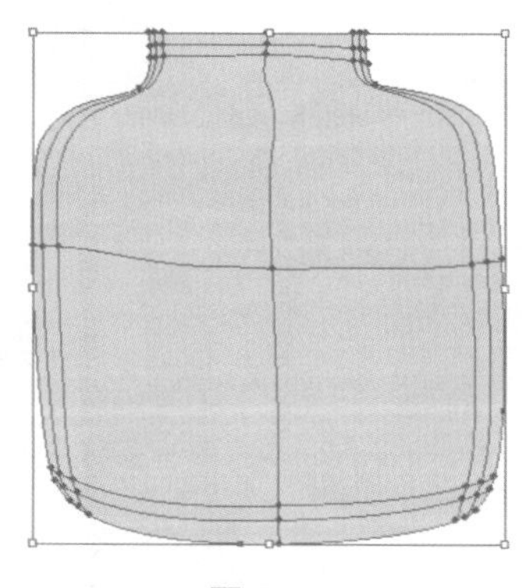

图 7-93

（44）选择瓶口部分进行上色，添加“渐变网格点”，如图 7-94 所示。上色后的效果如图 7-95 所示。

图 7-94

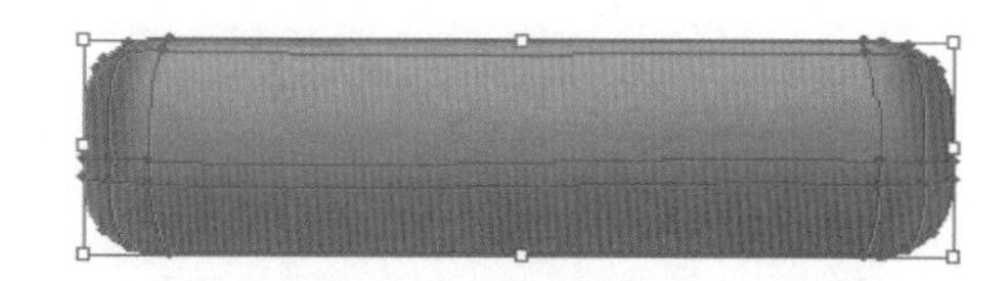

图 7-95

（45）对瓶口的另外两个部分添加“渐变网格”并进行上色，如图 7-96 和图 7-97 所示。

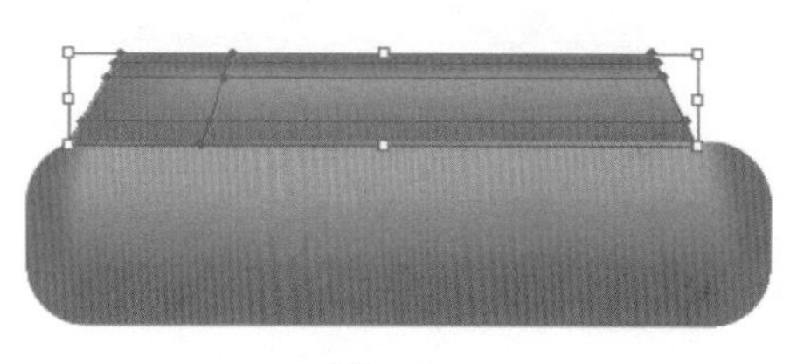

图 7-96

图 7-97

（46）使用“铅笔工具”为瓶口部分添加高光点，如图 7-98 所示，调整不透明度。将瓶身进行复制，选择“对象”菜单，“路径”>“偏移路径”命令，如图 7-99 所示。

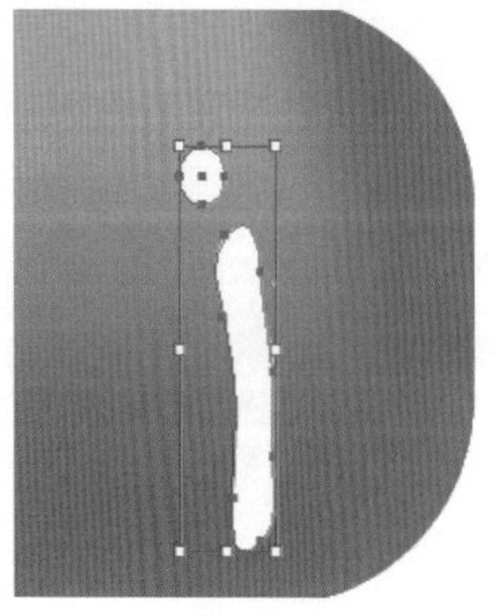

图 7-98

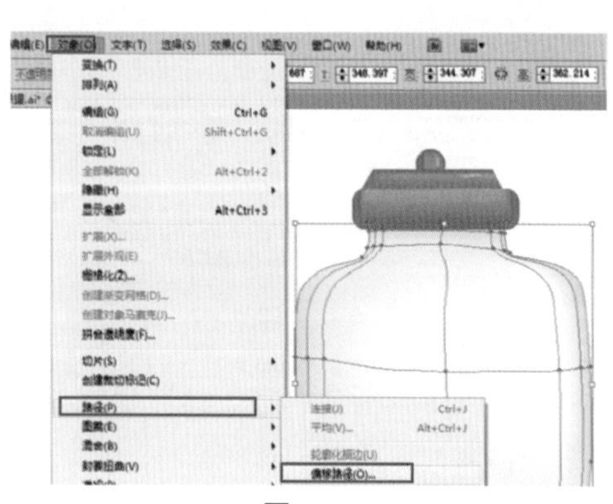

图 7-99

（47）在“偏移路径”对话框中将“偏移”数值调为 0（图 7-100），从而得到一个与网格对象一致的图形对象，如图 7-101 所示。

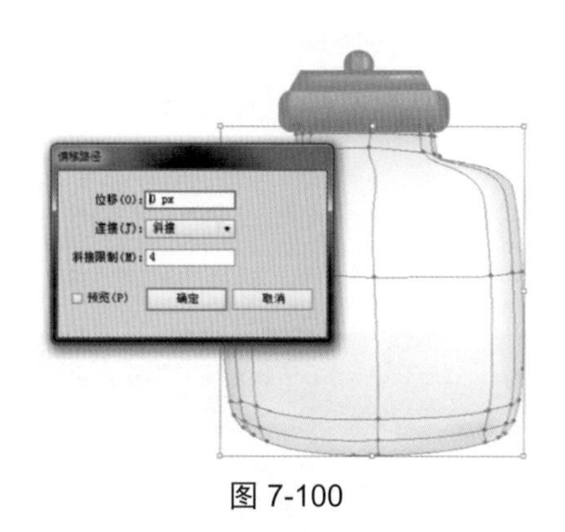

图 7-100

图 7-101

（48）将前面所绘制的糖果和糖罐放到一起，并添加一个填充颜色的矩形方块作为背景，该案例最终效果如图 7-102 所示。

图 7-102

7.5　明信片设计基本知识

我国现有的邮政和非邮政部门每年发行的明信片数以万计，明信片为越来越多的人所钟爱。明信片绚丽多彩、小巧玲珑的设计效果能让人的感官得到很好的体验。

明信片设计时，经常需要搭配非矢量的图像（拍摄的照片、使用 Photoshop 制作的图稿等），例如对图像进行蒙版操作，对文字进行变形变换等，通过前面学习的技能，一定可以为明信片的制作设计组织不同的设计元素。然而制作明信片最终的目的是印制成实际真品，下面对明信片相关的知识进行简单讲解。

1. 规格设定

（1）尺寸。

中国标准邮资明信片规格统一为 148mm × 100mm，制作时一般留 2mm 出血，即制作尺寸为 152mm × 104mm，为保证印刷质量，制作分辨率最好大于或等于 300dpi，制作时采用 CMYK 颜色模式。

以上为标准尺寸，不必拘泥于此，可以根据自己的需要适当改变尺寸，没有硬性的规定。可以按喜欢的尺寸进行设定，卡片的风格和尺寸有着密切的关系。

（2）示范。

1）打开 AI 软件，执行文件 - 新建，Ctrl+N 快捷方式新建文档，默认 A4 画板，如图 7-103 所示。

图 7-103

2）选择工具栏中的矩形工具绘制一个矩形，去除填充，并将其描边设为黑色，如图 7-104 所示。

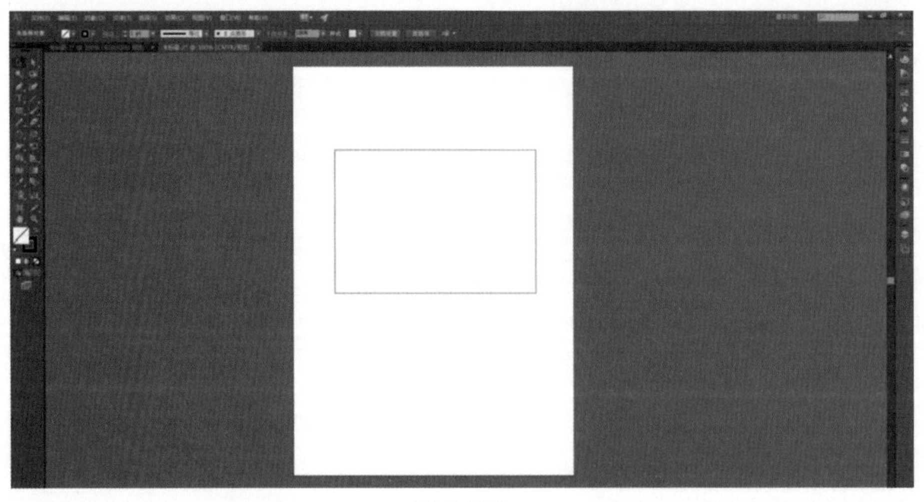

图 7-104

3）选择工具栏中的椭圆工具绘制小正圆形，将其中心与矩形的边对齐，并按住 Alt 键复制一个小正圆形，如图 7-105 所示。

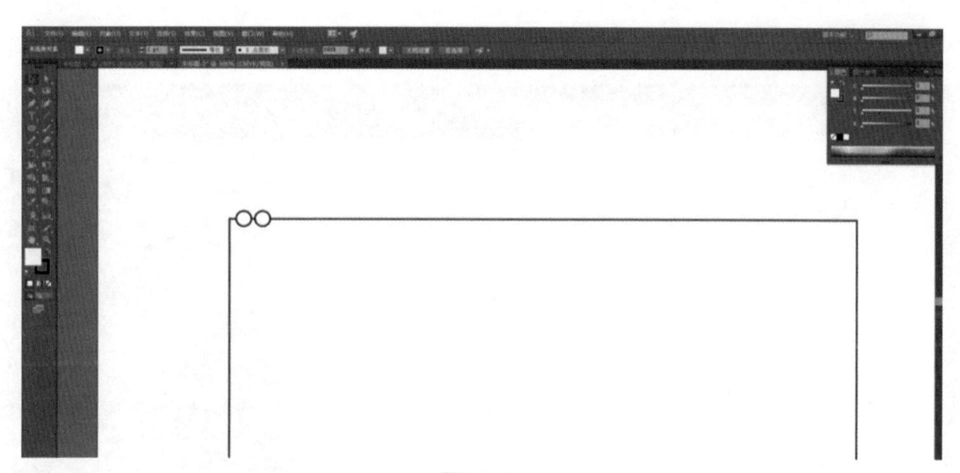

图 7-105

4）然后执行“对象 > 变换 > 再次变换”命令，快捷键 Ctrl+D，让小圆布满矩形线框上，如图 7-106 所示。

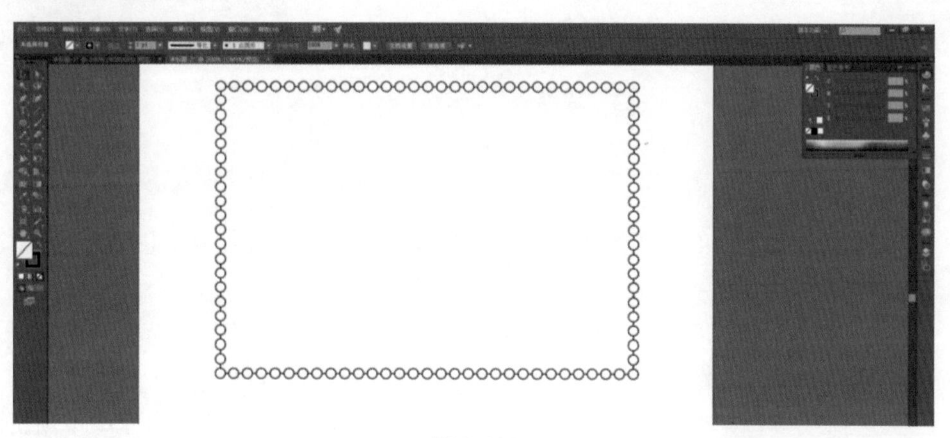

图 7-106

5）选择全部对象，执行“路径查找器 - 减去顶层”命令，快捷键 Ctrl+Shift+F9 打开路径查找器，锯形边框就形成了，如图 7-107 所示。

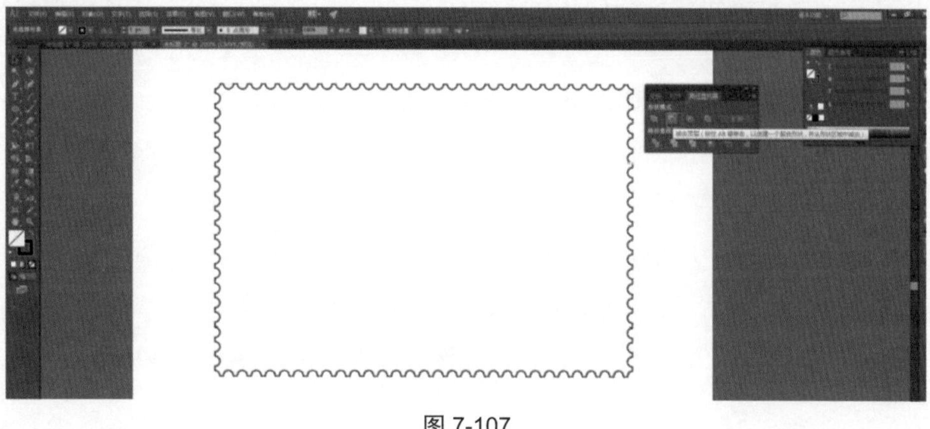

图 7-107

6）为其填充颜色，绘制邮票框和邮编框，最终效果如图 7-108 所示。

图 7-108

2. 排版印刷

（1）选择你需要做成明信片的照片。

（2）制作明信片的正面。新建一个尺寸进行排版，照片及新建的图层的像素均为 300dpi，一定要留出血线。

（3）制作明信片的背面。按照相同的方法，将设计好的“明信片背面”进行排版。背面的尺寸及四周空白的距离要与正面一致。不设计背面也可以。

（4）选择纸张。克重最好是 250g 以上，这样的纸比较厚，邮寄过程中不易折坏。纸张的材质方面，用铜版纸和哑粉纸皆可，铜版纸比较亮，哑粉纸比较暗。

（5）打印 / 印刷。如果是印制少量明信片，建议去图文店，印刷厂印刷成本太高，而且印刷厂一般不会接受小批量印刷。如果是大批量的印刷，可以去印刷厂，因为印刷厂印刷的效果确实要远远好于图文店印制的效果。除此之外，还可以选择数码打印。

打印 / 印刷可能会出现偏色，建议先打印一张看效果，等颜色完全确定好了后再批量印制。

3. 注意事项

（1）关于出血线。因为在印刷的版上印刷不会那么精准，简单来说，就是在你预定的尺寸之外，再留点空白。出血线主要是让印刷画面超出那条线，然后在裁的时候就算有一点点偏差也不会让印出来的东西作废。一般来说，出血 3mm 或者 2mm，最少 1.5mm。

（2）关于铜版纸和哑粉纸的区别。普通的铜版纸在涂布涂料后又经过超级压光机压光，表面平滑度高，光泽度好，表面强度高，抗张强度高，印刷时网点光洁，再现性好，图像清晰，色彩鲜艳。商业印刷中常用来印刷彩色广告、画册、包装纸袋等。哑粉纸正式名称为无光铜版纸，在日光下观察，与铜版纸相比，不太反光。用它印刷的图案，虽没有铜版纸色彩鲜艳，但图案比铜版纸更细腻，更高档。一般哑粉纸会比铜版纸薄并且白，更加吃墨，而且比较硬，不像铜版纸那样容易变形。

7.6　项目任务作业

- **作业主题：以校园风景为原型的明信片设计**
- **完成时间：90 分钟**
- **设计流程：**

（1）调研不少于 5 份你认为优秀的明信片的设计，从以下几方面进行分析：

1）版式结构。

2）色彩搭配，运用到几种颜色。

3）运用了几种字体。

4）设计用到了哪些技术、设计技法（图片变形、蒙版、图形组合、渐变、画笔、图案、字体设计……）。

5）明信片的尺寸、材质。

6）明信片的设计要素（正面、背面分别有哪些内容）。

（2）在调研分析的基础上开始完成校园风景明信片的设计。

- **具体要求：**

（1）画面分辨率至少 300dpi。

（2）正反面均需设计。

（3）画面风格统一。

（4）符合明信片的编排规则。

本作业的主要考查知识点：

- 调研明信片的能力；
- 创意设计能力；
- 将设计作品制作为印刷品的实际操作能力。

➢ 学生作业效果图样例（图 7-109）：

图 7-109

第 8 章　字体设计与版面编排

1. 掌握区域文字和路径文字的创建方式。
2. 能利用区域文字完成版面的编排。
3. 对创建轮廓的文字进行效果设计。
4. 了解字体设计的基本知识。

教学重点和难点

重点：区域文字的编辑技巧，让学生对区域文字的创建和相关的选项设置有一个更为具体的了解。

难点：学生能通过课前调研，对比设计商业化较强的字体作品，设计个性化的字体效果。

Illustrator 提供了强大的文本编辑和图文混排功能，不论在制作特效文字、制作广告海报和编辑排版方面，还是编写技术说明方面，都完全能够胜任。通过本章的学习可以了解文字的输入和编辑方法，活用各种技巧完成别具风格的字体和编排设计。

8.1　了解文字工具

在 Illustrator 的工具箱中一共提供了 6 种文字工具，如图 8-1 所示。从左至右依次是：文字工具、区域文字工具、路径文字工具、直排文字、直排区域文字、直排路径文字。使用它们可以用来输入各种类型的文字，以满足不同场合中的文字处理需求。

图 8-1

文字工具和直排文字工具可以创建水平或垂直方向排列的点文字和区域文字。

区域文字工具和垂直区域文字工具可以在任意的图形内部输入文字。

路径文字工具和垂直路径文字工具可以在路径上输入文字。

修饰文字工具可以创造性地修饰文字，创建美观而突出的信息。

执行“文件 > 打开”命令，选择一个文本文件，单击“打开”按钮，可将文本导入新建的文档中。执行“文件 > 置入”命令，在打开的对话框中选择一个文本文件，单击“置入”按钮，可将其置入到当前文档中。与直接拷贝到其他程序中的文字然后粘贴到 Illustrator 中的方法相比，置入的文本可以保留字符和段落的格式。

8.2 区域文字

区域文字也称段落文字。它利用对象的边界来控制字符排列，既可以横排也可以直排，当文本到达边界时会自动换行，如果要创建包含一个或者多个段落的文本，例如用于宣传的之类的印刷品，这种输入方式非常方便。

选择文字工具，在画板中单击并拖出一个矩形框，放开鼠标后输入文字，文字就会被限定在矩形框范围内，如图 8-2 所示。

图 8-2

如果想要将文字限定在一个图形范围内，可以选择区域文字工具，把光标放在一个封闭的图形上，单击鼠标，删除对象的填色和描边，此时输入文字，文字就在区域内，整个文本呈现图形化的外观。

使用选择工具，拖动定界框的控制点，调整文本大小，也可将它旋转，文字会重新排列，但文字的大小和角度不会改变。如果要将文字连同文本框一起旋转或缩放，可以用旋转、比例缩放等工具来操作。

8.3 点文字

1. 创建点文字

点文字是指从单击位置开始，随着字符输入而扩展的一行或一列横排或直排文本。每行的文本都是独立的，在对其进行编辑时，该行会扩展或缩短，但不会换行，如果要换行，需要按下回车键。点文字非常适合标题等文字量较少的文本。

选择文字工具，在画板中单击设置文字插入点，单击处会出现闪烁的“|”形光标，如图 8-3 所示，此时输入文字即可创建点文字，如图 8-4 所示。按下 Esc 键或单击其他工具，可结束文字的输入。

图 8-3

图 8-4

2. 点文字的编辑方式

创建点文字后，使用文字工具在文本中单击，可在单击处设置插入点，此时可继续输入文字，在文字上单击并拖动鼠标可以选择文字，选择文字后可修改文字内容、字体、颜色等属性，也可以按下 Delete 键删除所选文字，如图 8-5 所示。

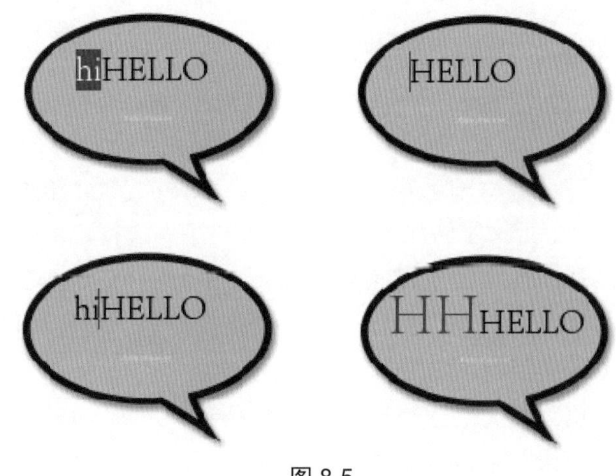

图 8-5

（1）新建一个文件，大小根据需要设置。

（2）点击文字工具（快捷键 T），在空白地方输入文字。

（3）使用选择工具点击文字，把文字放大到合适的大小。

（4）选择文字－创建轮廓（快捷键 Shift+Ctrl+O），这时候就变成可编辑的路径。

（5）放大会看到文字的边缘有一个个小点就是路径，然后点击直接选择工具，点住其中的一个点拖动就可以对文字的形状进行改变了。

（6）这个方法适用于文字模板里面没有的形状，自己可以根据需要的形状进行更改。

8.4　路径文字

8.4.1　路径文字的创建

路径文字是指在开放或封闭的路径上输入文字，文字会沿着路径的走向排列。

选择路径文字工具或文字工具，将光标放在路径上，单击鼠标设置文字插入点，输入文字即可创建路径文字，当水平输入文字时，文字的排列与基线平行；当垂直输入文字时，文字的排列与基线垂直，如图 8-6 所示。

图 8-6

使用文字工具时，将光标放在画板中，光标会变成状，此时可创建点文字；将光标放在封闭的路径上，光标会变成状，此时可创建区域文字；将光标放在开放的路径上，光标会变成状，此时可创建路径文字。

8.4.2 路径文字的编辑

AI 是一款很好的矢量图绘制软件，应用非常广泛。下面介绍怎样将 AI 的文字转化为可编辑的路径文字，把文字转化为路径后怎样对字体进行自由的编辑等。

使用选择工具选择路径文字，将光标放在文字中间的中点标记上。单击左键并沿路径拖动鼠标可以移动文字。将中点标记拖动到路径的另一侧，可以翻转文字。如果修改路径的形状，文字也会随之变化，如图 8-7 所示。

选择路径文本，执行“文字 > 路径文字 > 路径文字选项”命令，打开“路径文字选项”对话框，在“效果”下拉列表中包含 5 种变形样式，可以对路径文字进行变形处理，如图 8-8 所示。

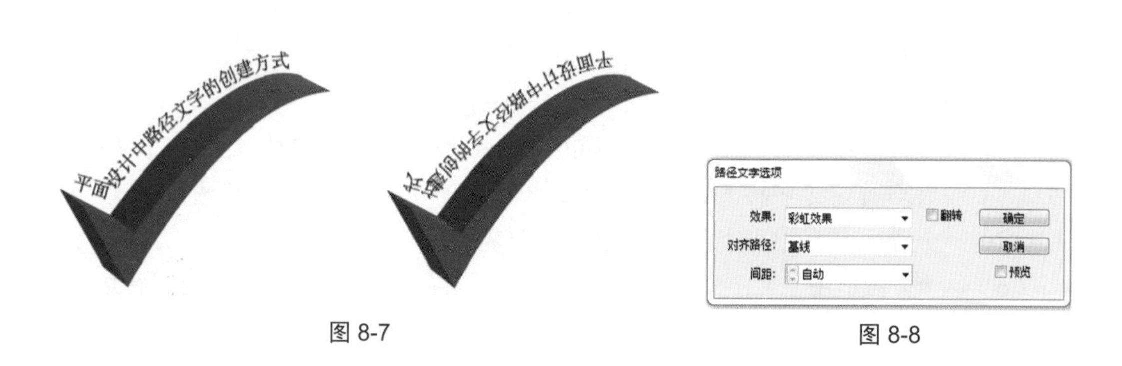

图 8-7　　图 8-8

8.5 文字设计案例

8.5.1 案例 1：浪漫满屋

选择本案例通过使用“钢笔工具”勾勒字形的方式，让文字和内容呈现统一的风格，文字可以作为花店门店招牌进行使用，设计效果如图 8-9 所示。

图 8-9

（1）新建一个大小为 800px × 600px，颜色模式 RGB 的文档，如图 8-10 所示。

（2）利用“钢笔工具”勾勒文字的轮廓，字形的表现需要和“浪漫满屋”主题相符，所以在勾勒轮廓时需要注意拐角锚点方向线的走向，可以将“描边”面板中的“端点”类型设置为“圆头端点”，“边角”类型设置为“圆角连接”，如图 8-11 所示。

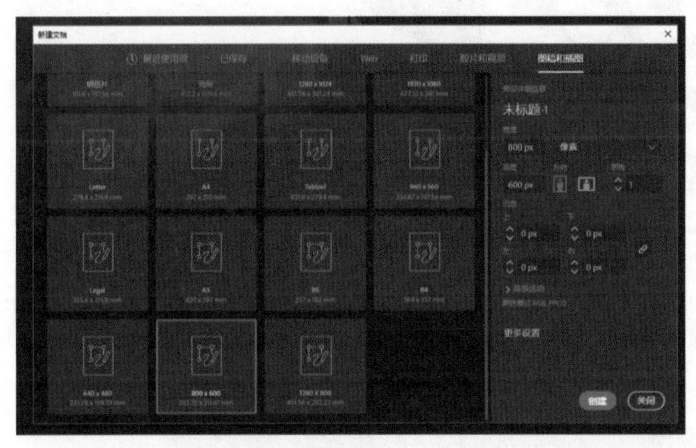

图 8-10

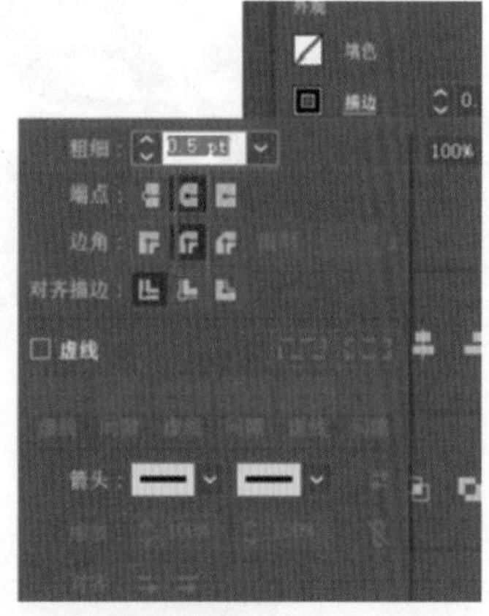

图 8-11

（3）将“钢笔工具”的描边粗细设置为 0.5pt，填充无色，勾勒出“浪漫满屋”文字轮廓，如图 8-12 所示。

图 8-12

（4）选中所有的路径对象，填充颜色，得到如图 8-13 所示的效果。

图 8-13

（5）将重复的路径去除，选择“路径查找器面板”，单击“形状模式”中的“差集”按钮，获得如图 8-14 所示的效果。

图 8-14

（6）将文字的描边颜色设置为无色，文字填充白色，添加红色背景，如图 8-15 所示。

图 8-15

（7）更改文字的背景效果，绘制一个高度和红色背景高度一致的矩形，添加黑色描边，描边粗细 0.5pt，按住 Alt+Shift 进行快速复制，将两个矩形首位相接，按住 Ctrl+D，重复操作，复制多个矩形，宽度与背景矩形的宽度保持一致，如图 8-16 所示。

图 8-16

（8）单击文字，在“属性”面板中单击“选取效果”按钮，为文字添加投影效果，让文字有一定的立体感，如图 8-17 所示。

图 8-17

（9）将添加投影的文字按住 Ctrl+G 进行编组，放在设计的背景上，最终效果如图 8-18 所示。

图 8-18

8.5.2　案例 2：英文字母设计

本案例通过对基本图形进行变形获得英文字母的图形效果，设计中需要借助于参考线来进行对齐操作。

（1）新建文件 800px × 600px，颜色模式 RGB，如图 8-19 所示。

图 8-19

（2）绘制和画板一样大小的矩形，填充由浅蓝（R:51，G:153，B:255）向深蓝（R:23，G:38，B:105）过渡的径向渐变，利用"渐变工具"更改渐变的形状和半径，得到如图 8-20 所示的效果。

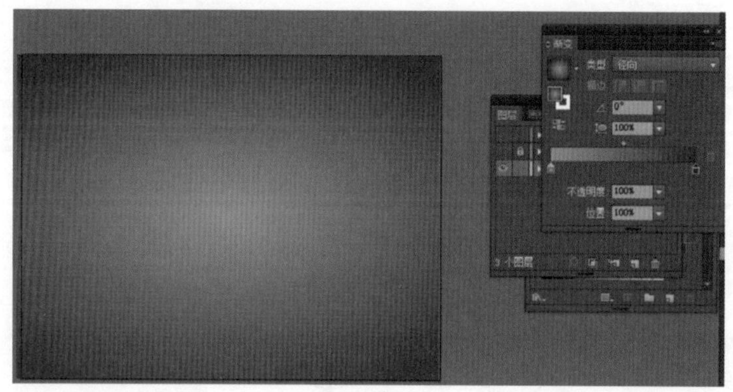

图 8-20

（3）按住 Ctrl+R，调出标尺，拖出参考线方便绘图，选择"圆角矩形工具"，在图 8-21 所示的位置绘制圆角矩形。

（4）选中圆角矩形，利用"钢笔工具"在圆角矩形与顶部参考线的相交处添加两个锚点，删除圆角矩形顶部的锚点，得到如图 8-22 所示的图形效果。

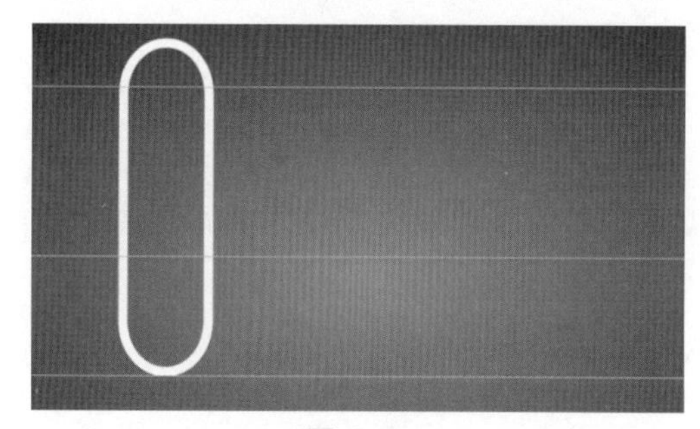

图 8-21

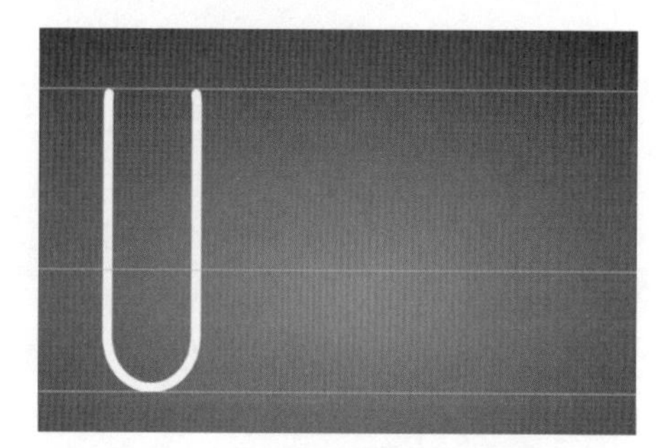

图 8-22

（5）选中字母 U，按住 Alt+Shift 向右拖动鼠标对图形 U 进行平移复制，删除重叠的线条，得到如图 8-23 所示的字母 W。

（6）字母 a 和字母 d 用"圆形工具"和"线段工具"组合获得，如图 8-24 所示。

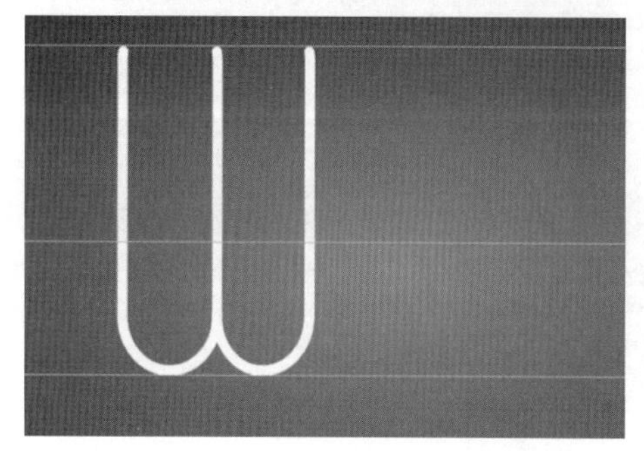

图 8-23

图 8-24

（7）选择“圆形工具”和“线段工具”绘制如图 8-25 所示的图形组合效果。

（8）选中圆形，在如图 8-26 所示的位置添加锚点，删除锚点，利用“直接选择工具”调整锚点位置，得到字母 e 的效果，如图 8-27 所示。

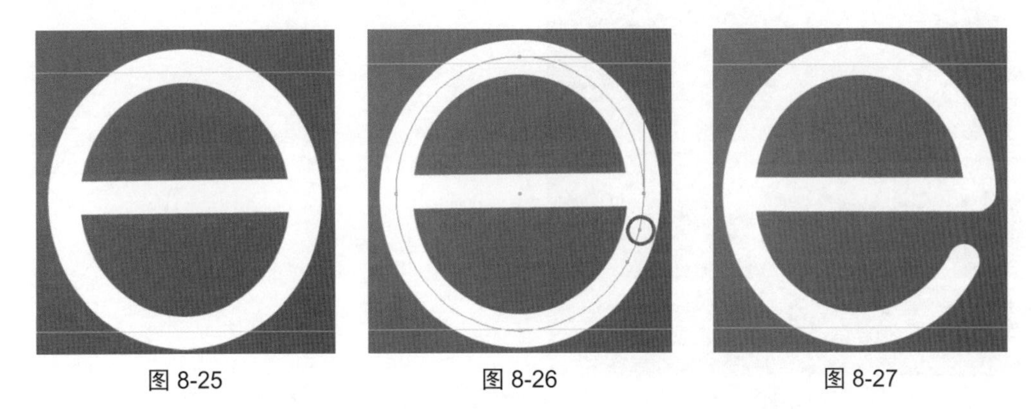

图 8-25　　图 8-26　　图 8-27

（9）选中所有的字母，按住 Ctrl+G 编组，为字母在“外观面板”中添加投影特效，最终获得如图 8-28 所示效果。

图 8-28

8.5.3　案例 3：忐忑文字设计

本案例通过对中文字体自身表现出的内容进行相关效果的设计，主要使用钢笔工具来实现字形的设计效果。具体设计过程如下：

（1）新建文件大小 800px × 600px，颜色模式 RGB，分辨率 300，具体参数设置如图 8-29 所示。

（2）使用“钢笔工具”勾勒忐忑文字轮廓，文字是由直线段组成的，不需要设置圆角拐点，效果如图 8-30 所示。

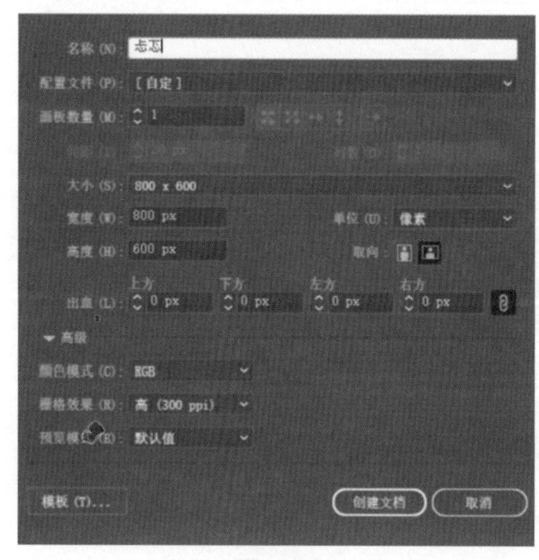

图 8-29

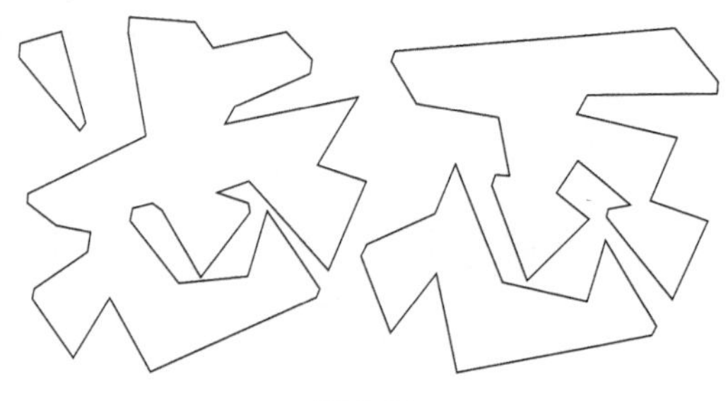

图 8-30

（3）选择文字对象，单击鼠标右键，选择“编组”，如图 8-31 所示。

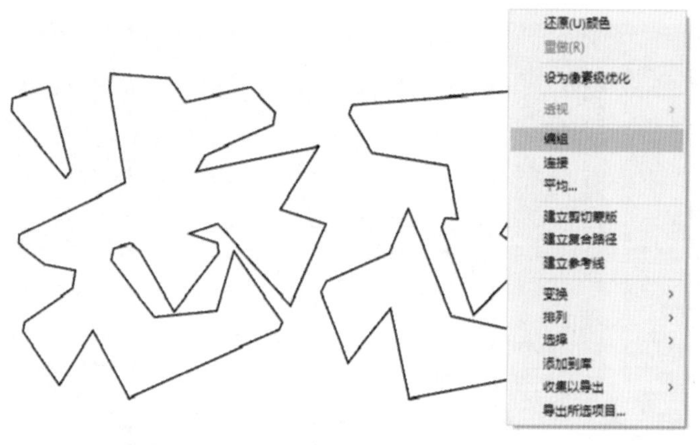

图 8-31

（4）选择编组后的文字对象，为文字填充白色，添加一个矩形背景，具体参数如图 8-32 所示。

图 8-32

（5）为文字添加投影效果，选择“外观面板”中的效果参数，单击“风格化”>“投影”命令，如图 8-33 所示。

图 8-33

（6）在“投影”对话框中输入相关参数，如图 8-34 所示，勾选“预览”复选框，文字的最终效果如图 8-35 所示。

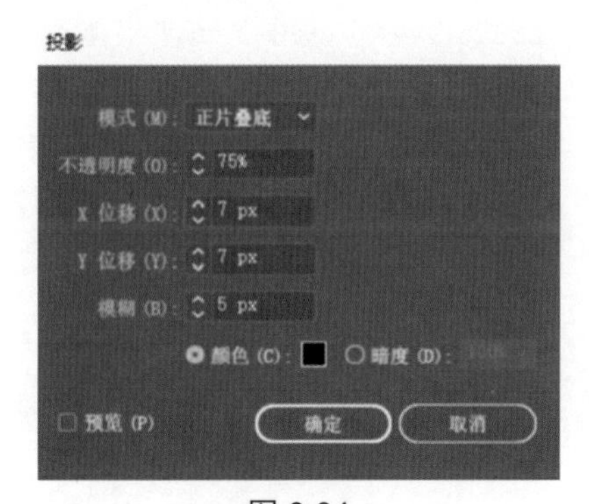

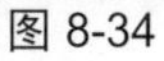
图 8-34

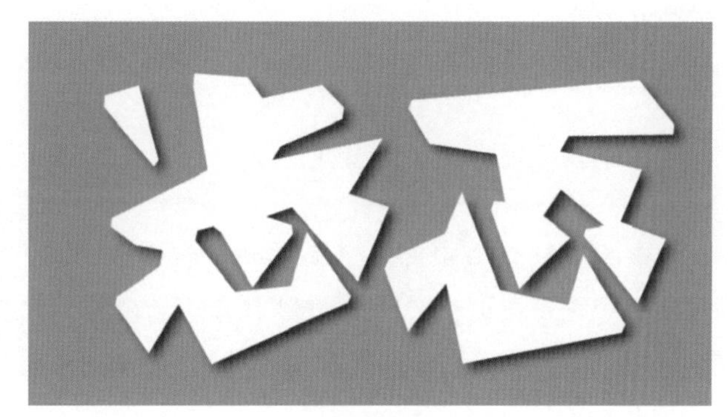

图 8-35

8.6　文字的应用

1. 包装上的字体设计

包装上的文字设计能够直接回答顾客最关心的问题。产品的性能、使用方法和效果常常不能直接显示，需要用文字来表达。不同的文化、教育、职业以及个人爱好会在商品选择中做出不同的反应，因此在设计时需要了解商品的历史和发展前景，根据这些不同的信息采用不同的字体和编排方式，以适应广大消费者的审美需求，刺激消费欲望。

在包装装潢设计中应用最为丰富多变的还是装饰字体。装饰字体的形式多种多样，其变化形式主要有外形变化、笔画变化、结构变化、形象变化等多种。针对不同的商品内容应做有效的选择。印刷体的字形清晰易辨，在包装上的应用更为普遍。汉字印刷体在包装上运用的主要有老宋体、黑体、综艺体和圆黑体。不同的印刷体具有不同的风格，对于表现不同的商品特性具有很好的作用。

2. 书籍装帧中的字体设计

在书籍装帧中，字体首先作为造型元素而出现，在应用中不同字体造型具有不同的独立品格，给予人不同的视觉感受和比较直接的视觉诉求力。例如，常用字体黑体笔画粗直笔挺，整体呈现方形形态，给人稳重、醒目、静止的视觉感受，很多类似字体也是在黑体基础上进行的创作变形。在我国，印刷字体由原始的宋体、黑体按设计空间的需要演变出了多种美术化的变体，派生出多种新的形态。而儿童类读物则具有知识性、趣味性等特点。此类书籍设计表现形式追求生动、活泼，采用变化形式多样而富有趣味的字体，如 POP 体、手写体等，比较符合儿童的视觉感受，书籍装帧中的文字有三重意义，一是书写在表面的文字形态，二是语言学意义上的文字，三是激发人们艺术想象力的文字，而对于设计者来说，第三种意义是最重要的。发掘不同字体之间的内在联系，可以以画面中使用的不同字体为基点，从字体的形态结构、字号大小、色彩层次、空间关系等方面入手。文字个体形态设计中，所谓的"形"指字体所呈现出来的外形与结构。为使文字的版式设计与书籍风格特征保持统一，选择何种字体以及哪几种字体，要多做比较与尝试，运用精心处理的文字字体，可以设计出富有较强表现力的版面。

3. 平面应用中的字体设计

（1）名片中的字体设计。

字体选择和色彩选择是名片的主要修饰手段。变换字体是名片设计的主要方式。名片上文字本来就多，内容也没有必然的联系，所以可分散排列，每一内容可以使用不同的字体、不同的字号大小对字体进行特殊处理，也可使用不同的字体颜色。

（2）POP 中的字体设计。

POP 具有醒目简洁、通俗易懂的特点，其多为商店短期宣传使用，不断变化的内容使得店面比较有生机。但是过期的 POP 一定要去除，对于重点促销的产品可以用 POP 来做宣传。

（3）DM 中的字体设计。

DM 经常以单幅面印刷件或者杂志的形式出现，在文字应用上集合书籍文字和广告文字的特点。

4. 招贴广告上的字体设计

文字在招贴中的体现方式依然是承载着文字的使命，但却是以不同于其他的写作方式进行传达，这种文字传达是超越了文字本身内容，字形和字意的完美结合才是招贴广告写作的独特之处。在招贴广告中把文字通过一定的组织规律，根据创作者意图进行语句的编排和字形的设计，并统一于图形和色彩风格的这种创作形式，我们称之为招贴广告的写作。招贴广告写作经过多层次的思维后，以高度概括、简洁、精练的语言，将信息快速、准确、完美地展现在受众群体的眼前，完成招贴广告写作的使命。

5.CI 设计中的字体设计

标准字体是企业形象识别系统中基本要素之一，应用广泛，常与标志联系在一起，具有明确的说明性，可直接将企业或品牌传达给观众，与视觉、听觉同步传递信息，强化企业形象与品牌的诉求力，其设计与标志具有同等重要性。经过精心设计的标准字体与普通印刷字体的差异性在于除了外观造型不同外，更重要的是它是根据企业或品牌的个性而设计的，对策划的形态、粗细、字间的连接与配置、统一的造型等，都做了细致严谨的规划，与普通字体相比更美观，更具特色。

6. 利用电脑软件设计的字体

随着科技的进步，电脑技术高速发展，各种设计软件应运而生，设计过程也变得越来越有趣，为现在的字体设计带来了极大的方便，使设计者的作品更加富有表现力和创意。

7. 影视及多媒体中的字体设计

字体创意在现代多媒体发展中被广泛地使用，在设计中要用三维的方式进行思考，要考虑到移动的形态、大小、粗细、方向、色彩，以产生强烈的时间感，和影像相结合的字体常常会产生强烈的视觉效果。

8.7　项目任务作业

- 作业主题：字体设计
- 完成时间：120 分钟
- 具体要求：

（1）从秀丽柔美、稳重挺拔、活泼有趣、苍劲古朴四个角度完成系列文字设计，标题自拟。

（2）收集调研和文字相关的艺术表现形式，用矢量软件表现出来。

- 设计流程：

（1）调研收集文字素材。

（2）手绘设计草图 + 设计理念表达。

（3）将调研和手绘资料保存为电子文档，制作成 PPT 进行交流。

（4）图稿矢量表现，完善作品。

本作业的主要考查知识点：

- 调研分析能力；
- 字体设计能力；
- 系列图稿综合表现能力。

➢ 作业展示（图 8-36 和图 8-37）：

(a)

(b)

图 8-36　方玥凌、徐寒晓、王诗芸作品

(a)

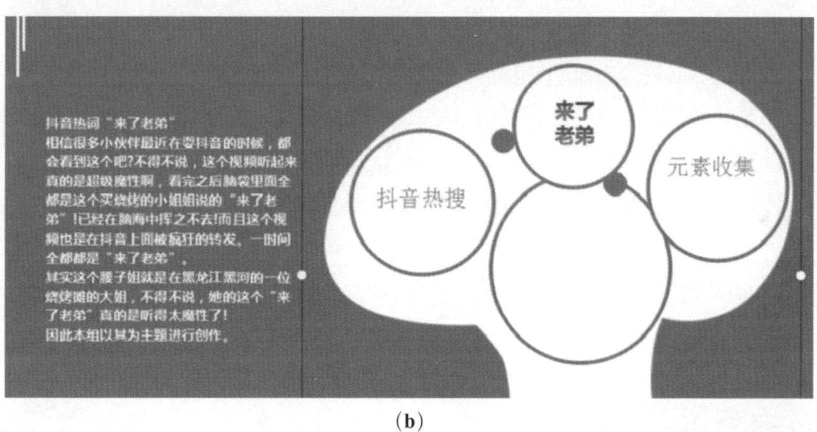

(b)

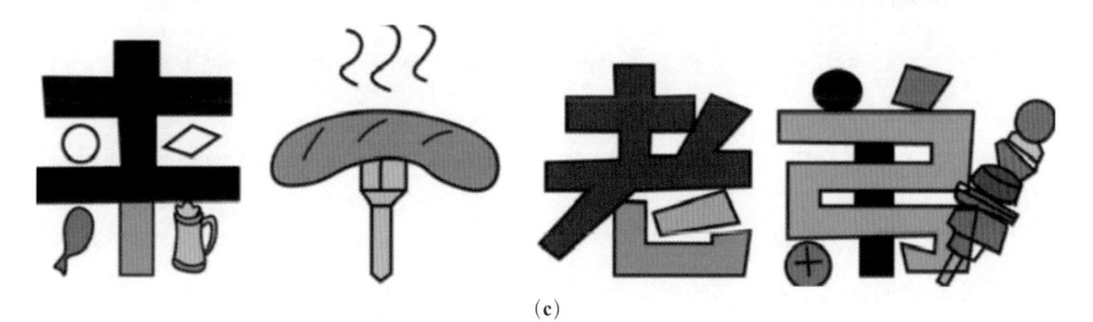

(c)

图 8-37　仲晗、沈田田、唐雯漪作品

第 9 章　书籍封面设计

教学目标

1. 了解书籍封面的组成。
2. 能对调研的书籍封面进行比较分析。
3. 通过对书籍封面的调研分析，能够对书籍封面进行重新设计。

教学重点和难点

重点：书籍封面设计时的色彩搭配和版式设计效果。

难点：书籍封面的具体字体设计。

书籍是人类文明进步的阶梯，人类的智慧积淀、流传与延续依靠书籍。书籍给人们知识与力量。古人说过，“三日不读书便觉语言无味，而面目可憎也”。足见书籍作为精神食粮有多大的教育启迪作用。书籍作为文字、图形的一个载体而存在是不能没有装帧的。书籍的装帧是一个和谐的统一体，应该说有什么样的书就有什么样的装帧与它相适应。

封面设计在一本书的整体设计中具有举足轻重的地位。图书与读者见面，首先看的是封面。封面是一本书的脸面，是一位不说话的推销员。好的封面设计不仅能吸引读者，使其一见钟情，而且耐人寻味，爱不释手。封面设计的优劣对书籍的社会形象有着非常重大的意义。

9.1　书籍封面组成

书籍的封面主要由封一（通常说的封面）、封二、封三、封四（封底）组成。部分图书的封面带有勒口。

封一上一般应列出书名、作译者姓名和出版社名。封一起着美化书刊和保护书芯的作用。

封四一般印刷本书的条码、定价等重要信息。某些图书还会在封四列出本书的特点、一些重要人物的名言、对本书的推荐语，以及图书分类等。

书脊是连接封一和封四的部分。书脊上一般印有书名、作译者姓名和出版社名，以便于查找。

勒口是指书籍封皮的延长内折部分。编排作者或译者简介、同类书目或本书有关的图片以及封面说明文字，也有空白勒口。

以一本成品尺寸为 150mm × 210mm 的书籍封面设计为例，书脊厚度为 15mm，勒口长 70mm（封面和封底都有），在新建文件时画板的参数如图 9-1 所示。

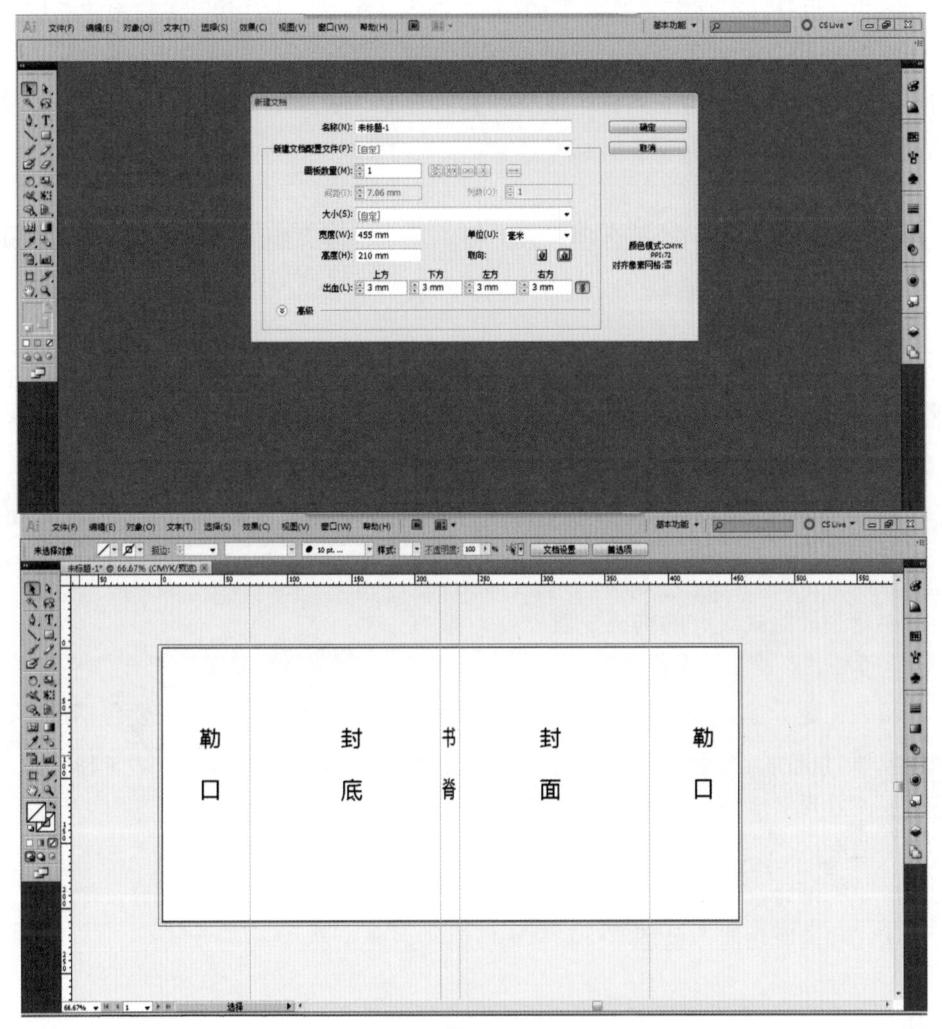

图 9-1

9.2　书籍封面版式设计

版式设计是按照视觉审美规律，结合各种平面设计原理，将文字、图形、线条及色彩等视觉要素加以组合、编排，进行主观表达的一种视觉传达设计形式。书籍的封面是版式设计的核心，具有表现形式上的独立性，是展示思想主题、风格特色的窗口，包括四封（封一、封二、封三、封四）、书脊、勒口、护封等。封面版式设计的构成要素有书名、作者（编、译者）、出版单位、图片、辅助文字、装饰字母、书号、条码等。在设计时，可根据情况选定不同开本、不同材质和不同的表现形式，以强化版式的视觉效果。

1. 书籍封面版式设计四大原则

（1）统一的原则。

书籍版式设计在表现形式上要高度统一，要有“桥梁”的作用。不但要将书籍主题、风格、视觉形式形成整体构架，更要使书籍主题、表现形式、读者认同连成一体，起到沟通诉求的作用。不同的题材、背景和阅读对象，采用不同的版式设计表达，要始终保持统一、协调、自然。

（2）美化的原则。

版式要有视觉美感，能符合现代人的审美需求，要大胆地糅合时尚元素，提升书籍的价值，达到促销的目的。

（3）个性的原则。

书籍版式要有强烈的个性，有鲜明的特色和与众不同的视觉效果。表现风格的求异性，往往能给人深刻的印象。

（4）时尚的原则。

书籍艺术的发展往往与社会发展同步，版式的设计形式更要时尚、前卫、新锐，要紧跟时代的步伐，以满足新时代市场的需求。

2. 书籍封面版式设计的构成要素

（1）文字。

书籍的主题元素，如书籍的书名，内页的正文等文字性元素，主要包括汉字、外语字母或拼音字母、阿拉伯数字等。封面文字中除书名外，均选用印刷字体。常用于书名的字体分为书法体、美术体、印刷体三大类。

（2）图形。

图形是有形体和视觉特征的视觉元素，有具象图形和抽象图形之分。图形具有最直接的认知和读取功能，也是美化和装饰版面的主要元素。

（3）图片。

封面的图片以其直观、明确、视觉冲击力强、易与读者产生共鸣的特点，成为设计要素中的重要部分。图片的内容丰富多彩，最常见的是人物、动物、植物、自然风光，以及一切人类活动的产物。

图片是书籍封面设计的重要环节，它往往在画面中占很大面积，成为视觉中心，所以图片设计尤为重要。一般青年杂志、女性杂志均为休闲类书刊，它的标准是大众审美，通常选择当红影视歌星、模特的图片做封面；科普刊物选图的标准是知识性，常选用与大自然有关的、先进科技成果的图片；而体育杂志则选择体坛名将及竞技场面图片；新闻杂志选择新闻人物和有关场面，它的标准既不是年轻貌美，也不是科学知识，而是新闻价值；摄影、美术刊物的封面选择优秀摄影和艺术作品，它的标准是艺术价值。

9.3　书籍封面色彩搭配

色彩是版式设计的辅助元素，用以衬托主题、点缀版面、渲染视感、平衡画面、区分主次、激活版式视觉关系的视觉要素。色彩在版式设计中不具备针对性和主题性，是视觉语言的延伸。不同色相的色彩可以表达不同的思想主题，既可以主观地设置不同的色块、底色，也可以利用纸材的固有色彩巧妙搭配。在视觉上形成色彩服从图片，图片服从文字，文字服从主题的基本链式。

不同书籍封面有不同的色彩应用，一般来说，儿童刊物色彩的设计，要运用鲜艳、明快、简洁的色彩。针对儿童娇嫩、单纯、天真、可爱的特点，色调要处理成高调，减弱对比度，强调柔和的感觉。女性书刊的色调，要根据女性的特征，选择柔和、温婉、典雅、妩媚的色彩系列。体育杂志的色彩会强调动感、刺激、对比，比较追求色带的冲击力。体现出体育运动的活力与激情。

选择用同色的色相构成“暖”或“冷”统一的整体形象，还可以使用色彩并置的构成形式，形成既有强烈对比又有协调统一的色调效果，或者是简单的同一色调形成简约的风格。色彩的冷暖，有进退的效果，暖色调靠前，冷色调靠后，在书架的摆放位置上，暖色更容易吸引人的视线，从而促进其销售，例如美容书籍，一般会采用明快的浅色调，如果用经典的黑色搭配艳色。往往有时候会给人一种权威，而不失华丽的感觉。使用反常规色彩，让其产品从同类商品中脱颖而出，这种色彩的处理在视觉上格外敏感，印象更深刻。

色彩也是随着社会的需求有所发展的，现代色彩的应用有着自身的规律，反映着现代人的审美需求和价值取向，体现着现代人的精神意念和情感本质。现代色彩的设计与现代生活节奏、环境、理念等相契合，它是建立在特定文化背景下的色彩应用，具有鲜明的时代特征。现代色彩不同于传统的色彩，色彩的意义不再单纯。

9.4　项目任务作业

- 作业主题：课程封面设计
- 完成时间：90 分钟
- 设计流程：

（1）调研你所喜欢的创意封面，至少 5 本，可以为组合类封面、文字类封面，保存为数字图片的形式（jpg），放入附表 9-1 中。

（2）为《数字平面设计》课程封面设计完成草图绘制，并撰写 200 字左右设计理念，从版面构成、文字设计、图形设计、色彩搭配等方面来撰写。

（3）完成“《数字平面设计》课程封面设计前期准备”表格的填写，表格见表 9-1。

（4）对“《数字平面设计》课程封面设计前期准备”表格进行设计交流，每个小组演示时间不超过 10 分钟。

（5）需要先对调研“创意封面设计”图片进行分析，再结合调研作品对自己的设计草图进行分析，说明草图设计理念。

（6）班级同学对同类作品进行点评，给出自己的观点。

（7）根据课中的交流进行项目的具体设计，并加以完善。

➢ **具体要求：**

（1）封面尺寸根据实际课程作品手册展示的需要自行拟定，可以参照行业设计画册的标准来制定。

（2）导出分辨率 300dpi。

表 9-1　课程封面设计前期准备

项目名称	《数字平面设计课程》封面设计前期准备
项目成员	
项目调研 1	作品来源：
	图片
项目调研 2	作品来源：
	图片
设计草图	设计理念：
	图片

本作业的主要考查知识点：

- 调研创意封面的能力；
- 创意设计能力；
- 综合设计能力。

➢ 学生设计草图范例（图 9-2）：

设计理念：该封面设计的图案是一个看上去比较滑稽、诙谐的人脸。它是由脸部插画和象征力量的拳头构成的。而整张脸部图案，又由许多简单的线条、图案组合而成。呼应了我们数字图形设计最基本的理念——以图形来创作。整个封面由几种不同颜色拼接组成。背景为粉绿色，给人活泼、鲜明的感觉。脸部的肉粉色和红色的腮红部分让整个脸蛋变得可爱许多。

设计理念：以数字图像设计为主，主要是围绕着字体来设计，采用数字图形设计的英文拼音来构成封面，digital graphic design。我们找了一些图片也都是以设计字符为主的，每一张都有自己的特色，简单而美观。我们设计的这张也是由上面所找的资源中发挥想象的，整体色调我们将以蓝色为主，显得整幅封面简约而有内涵，版面构成主要由线条和块面组成，周围做一些设计烘托出主体。我们的设计以线条交错为主，字体错开，为了让整幅画面更加立体化，这是 我们的设计理念。

图 9-2

➢ 学生作业效果图样例（图 9-3）：

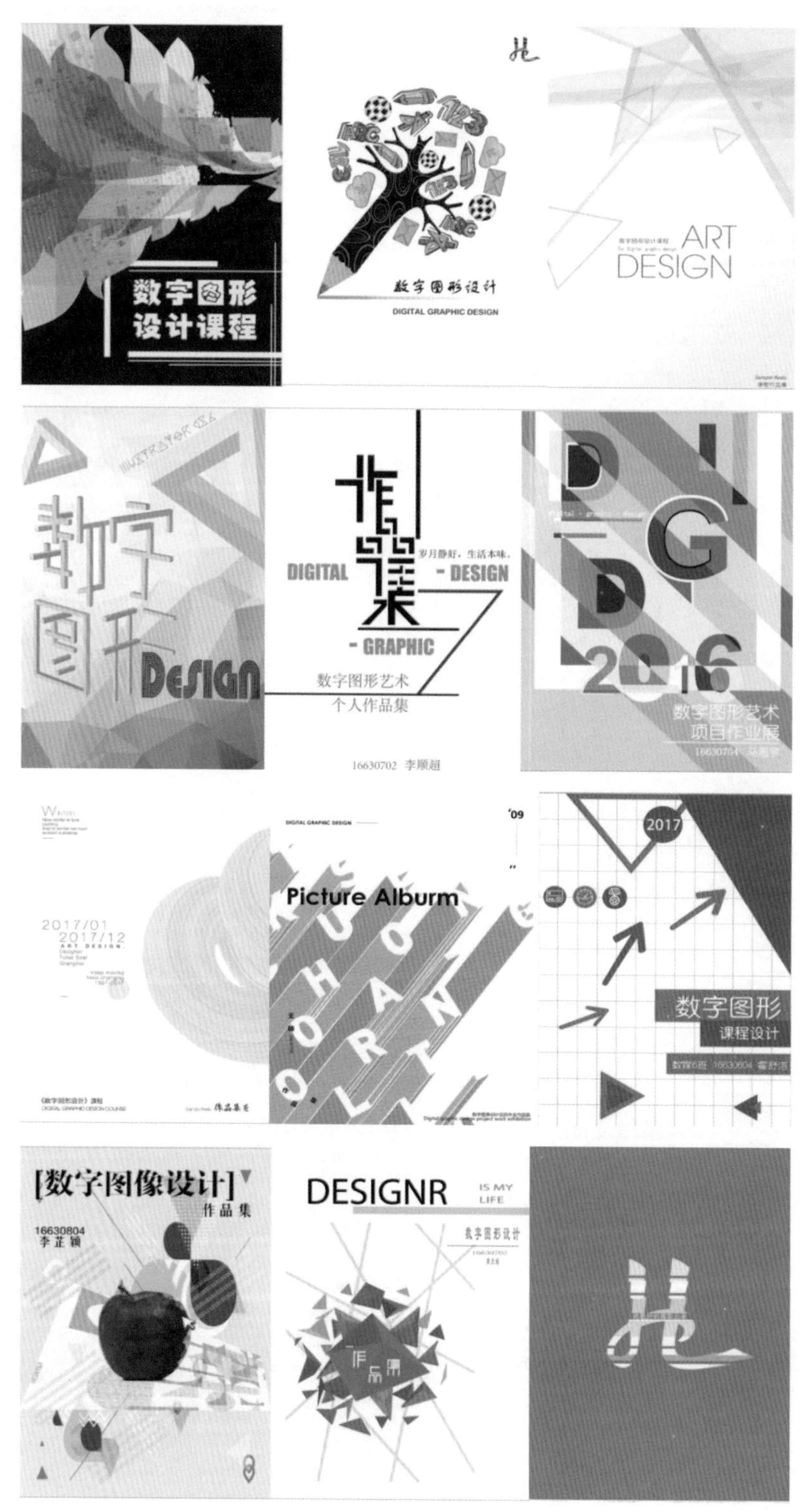

图 9-3

第 10 章　App 界面设计

教学目标

1. 了解 UI 设计的基本知识，掌握 App 设计基本设计流程。
2. 能够完成 App 界面元素的绘制和设计。
3. 能够对产品进行定位分析，完成 App 项目设计。

教学重点和难点

重点：App 界面设计的基本组成和相关设计要素。

难点：App 界面设计风格的整体把控。

UI 设计是 User Interface（用户界面）的简称，是指对软件的人机交互、操作逻辑、界面美观的整体设计。UI 设计是为了满足专业化、标准化需求而对软件界面进行美化、优化和规范化的设计，具体包括软件启动界面设计、软件框架设计、按钮设计、版面设计、菜单设计、标签设计、图标设计等，需要设计师具备视觉设计、交互设计和体验设计等方面的素质。

UI 设计根据所应用的终端设备可以分成 PC 端 UI 设计、移动端 UI 设计和其他终端 UI 设计。PC 端 UI 设计指用户计算机界面设计，即电脑操作界面设计，包括系统界面设计和软件界面设计，如电脑版的 QQ、微信、各类网站界面等界面设计。移动端 UI 设计一般指移动互联网终端界面设计，包括手机界面、Pad 界面、智能手表界面等界面设计。其他终端 UI 设计包括 VR、AR、ATM、车载系统等界面设计。由于移动设备的逐步推广和广泛普及，移动端 UI 设计市场前景广阔，本章以手机 App 设计为例进行介绍。

目前，市场上的 App 产品繁多，大致可以分为以下几大类：工具类：邮箱（网易邮箱、QQ 邮箱等）、浏览器（如火狐浏览器、Safari 等）；社交类：QQ、微信、微博、陌陌等；娱乐类：直播（斗鱼 tv、虎牙 tv、熊猫 tv 等）、视频（outube、爱奇艺、腾讯视频等）、音乐（Youtube Music、虾米音乐、QQ 音乐等）、游戏（阴阳师、梦幻西游、欢乐斗地主等）；购物类：Amazon、淘宝、京东等；生活类：安居客、墨迹天气、高德地图等。

10.1　产品定位

首先，在开始进行 App 项目设计之前，需要通过市场调研对同类产品进行对比分析，了解用户需求，明确 App 产品的设计定位和优势。例如，要设计一款手工艺类 App，通过市场调研和竞品分析发现，手工艺分享类 App 主要受众群体为爱好手工艺的年轻群体，想通过 App 了解和学习手工艺教程，分享自己的手工艺品以及愿意购买和出售手工艺品，如图 10-1 所示。

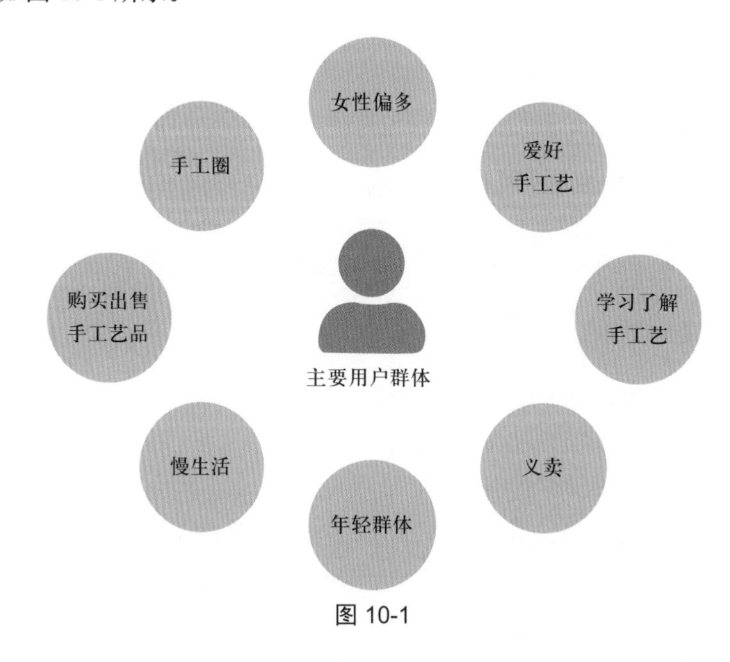

图 10-1

10.2 绘制产品线框图、草图和原型图

绘制原型图之前，需要先理清产品的线框图。例如时间笔记 App 产品是一款简单易用的智能时间规划应用程序。它将用户的活动、地图、天气和笔记全部整合到一个易用的应用程序中，提升工作效率的同时，又可以增加幸福感。主要功能为：简单快捷的计划用户的行程；轻松记录生活点滴，如笔记、音频、图片等；可发出请求邀请朋友共同参与到行程计划中，一起完成任务；快速共享行程和笔记。功能分区主要有五部分，如图 10-2 所示。

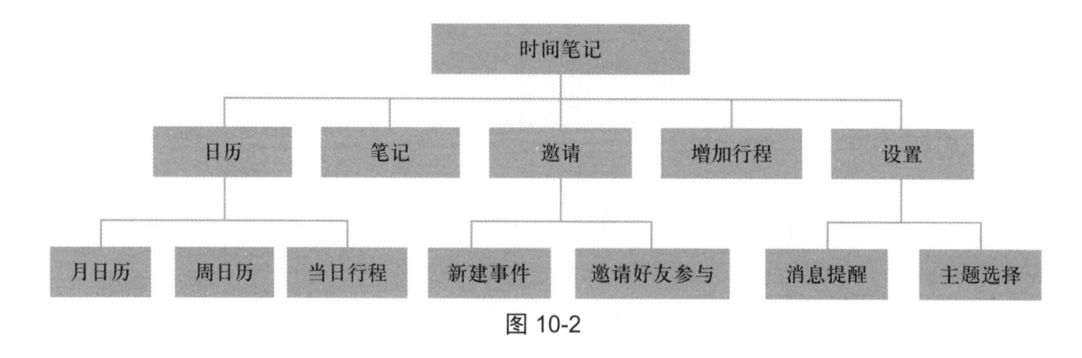

图 10-2

（1）日历：日历中包括年日历、月日历和周日历、所在日期的行程预览页面、快速增加事件页面。点击不同的日期，会进入该日期的行程事件详情界面。

（2）增加行程：新建行程页面里包括行程的日期设置、行程的名称和地图位置、可增加共同参与此事件的好友、添加行程相关细节的笔记，通过添加好友按钮可以推送该行程的邀请。

（3）笔记：新建笔记中可以增加图片、文件、录音、视频等附件。搜索笔记时这些记录会按照时间轴排列，并有预览图在笔记左侧，方便查找。

（4）邀请：邀请包括“新建事件”和“邀请好友参与”两个部分。用户可以新建事件的名称、时间、地理位置，并增加好友。好友会收到该行程的详情，如果同意便自动加入行程中。

（5）设置：系统的基本设置。包括设置提醒页面，主题风格页面，帮助页面等。

在 App 开发过程中，可以将设计想法通过绘制草图来展现，直观的草图有利于客户更好地理解设计想法，便于前期修改工作，如图 10-3 所示。

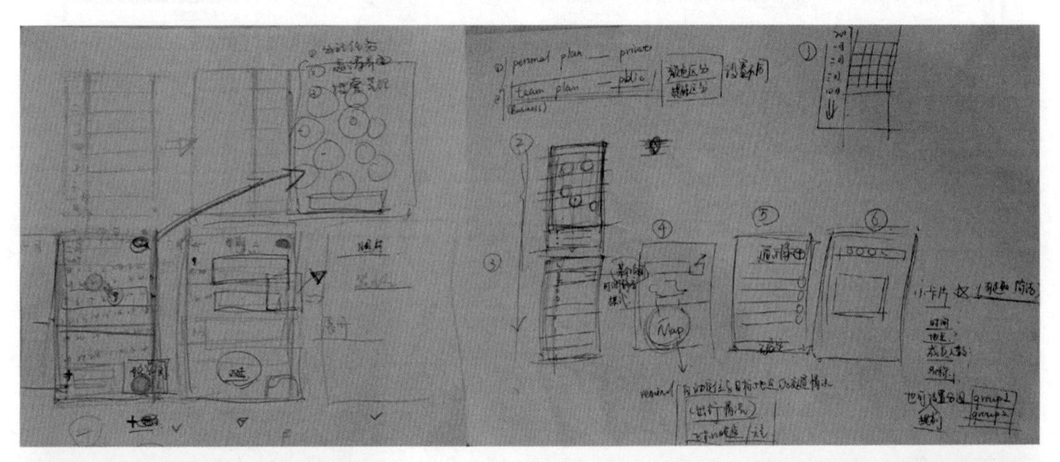

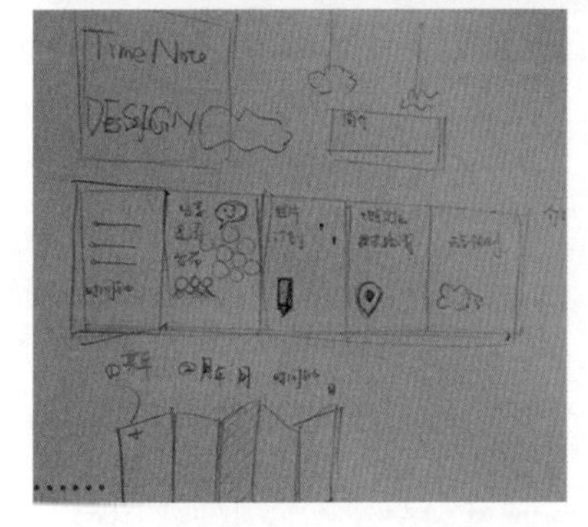

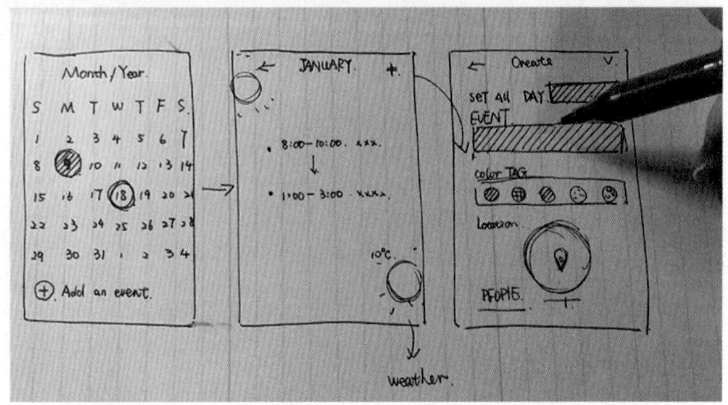

图 10-3

原型图是根据之前的线框结构图进行设计的，它对于 App 的设计也起着重要的作用，也是在为 App 打下基础。原型图的设计没有后期复杂的视觉效果设计，只有黑白灰的原型界面，方便于后期设计，相当于为后期界面设计的布局打草图，使得设计更加富有逻辑性思维。从线框结构图到原型图的设计的完成，整个 App 的大致的框架就会呈现出来，如图 10-4 所示。

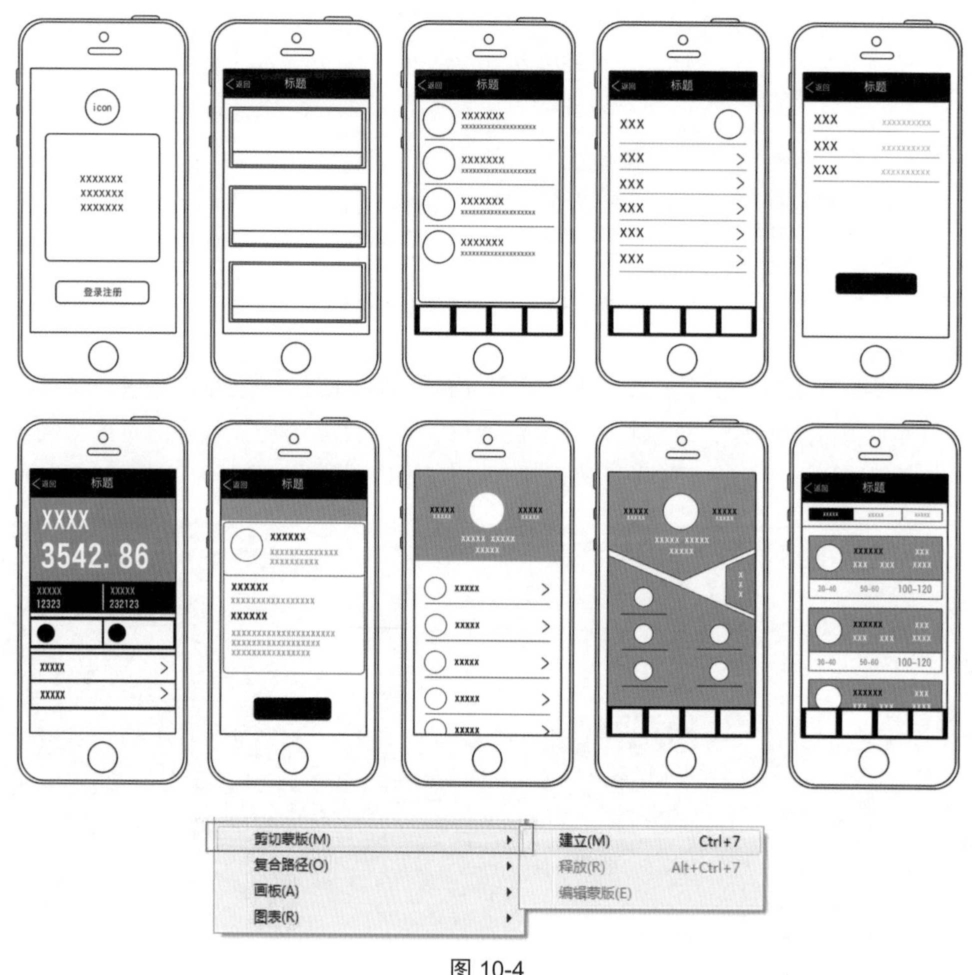

图 10-4

10.3 界面视觉元素设计

界面视觉元素主要包括色彩、图标、字体。

（1）色彩。

App 的色彩既要符合产品本身的形象，色彩的搭配还需要协调和美观。不同的色彩给用户不同的感受。

例如手工艺类 App 给人一种安静、和谐的感受，因此界面的主色调定为静谧蓝，蓝色给人纯洁、广阔、安静、沉稳的感觉。在颜色的搭配上，选用了同样是三原色中的红色作为点睛色，主要用于部分按钮如点赞，重要标题文本如价格，以及添加关注、结算、立即购买等用于引导作用上。蓝色与红色属于冷暖色的搭配，界面选择的蓝色与红色饱和度不高，降低了视觉上给人的冲击力，并且给人一种和谐的感觉。登录界面中的登录按钮，将红色的饱和度进一步降低，视觉上，给人以和谐统一的感觉，如图 10-5 所示。

图 10-5

例如在时间笔记界面设计中，借鉴了纸质笔记本的理念，采用黑色、白色、暖棕色为主要色调，使用户在使用应用程序中有一种翻开日程本的亲切感，简单朴素。对于事件的显示，反而像笔录日程一般，用白色显示，映衬在暖棕色的页面颜色下，简单直观，如图 10-6 所示。

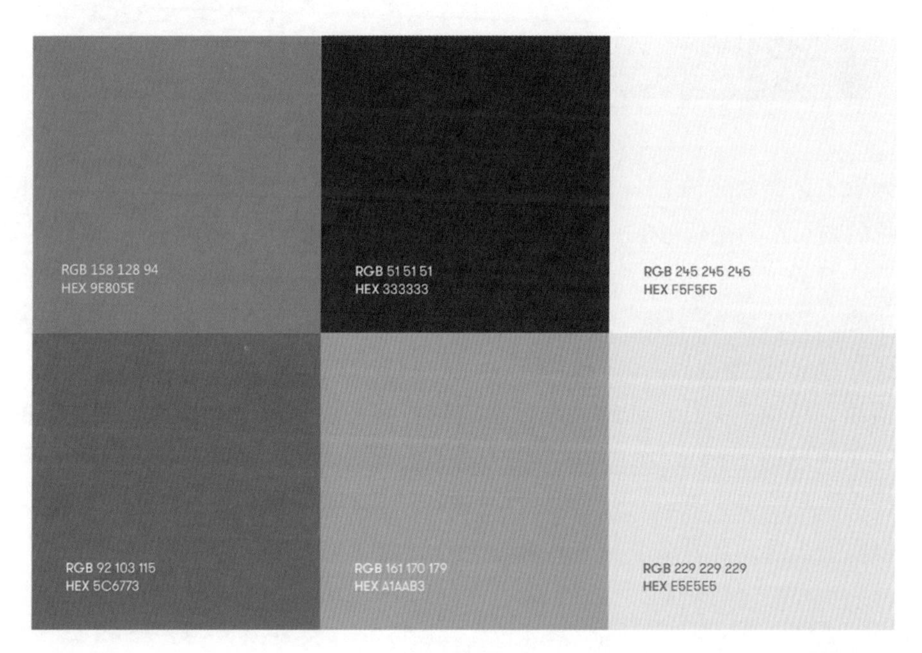

图 10-6

（2）图标。

图标是具有明确指代意义的计算机图形，包括 App 的程序启动图标、状态栏和导航栏等位置出现的图标。精美的图标是一个好的用户界面设计的基础。图标设计分为草图绘制和风格确定阶段，需要从产品中寻找隐喻，对实物拟定多种方案草稿，筛选出最满意的方案继续设计流程，如图 10-7 所示。

图标设计的风格主要分为拟物化图标和扁平化图标。拟物化图标能够带给用户逼真的感觉，具有很好的辨识性。扁平化图标减少了图形和效果的运用，具有简洁明快的特点，越来越受到人们的青睐。

图 10-7

例如手工艺类 App 在图标设计上主要为线性图标。分类区根据每个类别选取其中带有特色的物品作为图标形象，设计图标造型。导航栏区首页的图标是个工具箱的造型，寓意打开工具箱，便能做手工；发现为司南的造型，带有中国风元素，与此界面主题相符；市集为古代集市造型，代表交易场所；消息的图标加了创意，在其他界面的时候是一张卷起来，在消息界面的时候纸打开了；“我的”图标设计了一个人的造型。客服、分类、搜索、活动、关注、店铺和收藏是店铺界面及商品界面的图标。同样根据不同功能设计了不同的图标。我的收藏、我的发布、我的义卖、我的订单、我的出售，这五个图标是在我的模块下的。根据图标特色设计相关形状。其中我的收藏为香囊的造型，表示可以收纳东西，且风格上与 App 内容相符，如图 10-8 所示。

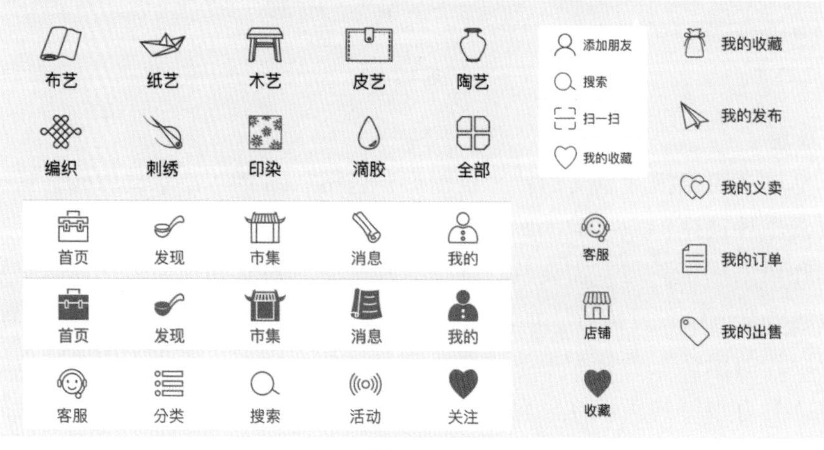

图 10-8

（3）字体。

在 App 界面设计中，为了追求视觉效果，提高用户体验，同时方便设计人员的选择，不同系统中对文字部分有一定的规范。

Android 系统中，中文字体为“思源黑体”，英文字体为“Roboto”，如图 10-9 所示。

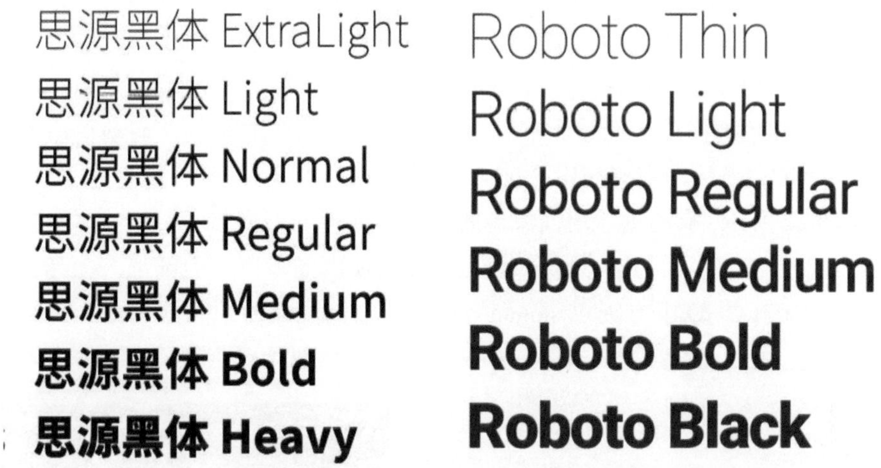

思源黑体 ExtraLight
思源黑体 Light
思源黑体 Normal
思源黑体 Regular
思源黑体 Medium
思源黑体 Bold
思源黑体 Heavy

Roboto Thin
Roboto Light
Roboto Regular
Roboto Medium
Roboto Bold
Roboto Black

图 10-9

iOS8 系统中中文字体为“华文黑体”，英文和数字字体为“Helvetica”，iOS9 系统中中文字体为“苹方”，英文和数字字体为“San Francisco”，如图 10-10 所示。

苹方字体特粗
苹方字体粗体
苹方字体中等
苹方字体常规
苹方字体细体
苹方字体特细

San Francisco
ABCDEFGHIJKL
PQRSTUVWXYZ
abcdefghijklmn
opqrstuvwxyz
123456789&0

图 10-10

10.4　界面效果展示

一套完整的 App 由启动图标、启动页、首页、登录页等构成。

（1）启动页。

App 启动页是打开 App 第一眼所看到的界面，会给用户留下该产品的第一印象，启动页面的基本构成元素可以是来自 LOGO、产品主色、版本号等，通过最直接快速的方式向用户传达产品形象。如图 10-11 所示，启动页以浅色作为整个页面的背景色，在背景之上，运用亮眼的橙色吸引用户的眼球，不同色调的橙色勾勒出地球的形状，在地球的周围，通过卡通的形式描绘出世界各地的景色以及交通工具，洁白的云朵围绕在景色周围，地球之中写着产品对用户不变的承诺：陪你走遍每一条路。通过对各个建筑物不同颜色的搭配，使整张启动页透露出一丝活泼的氛围。启动页底部则设计了产品的 LOGO，条纹的点缀使得 LOGO 亮眼但又不会显得突兀。

如图 10-12 所示，启动页运用抽象化的地图作为背景，通过对亮度与对比度的调整，使视觉效果虚化。在页面的下半部分建立 80% 透明度的遮罩，上部加上为高德地图设计的 LOGO，在 LOGO 下方配以 slogan，预示着简洁高效的地图能为用户提供最便捷的出行方式。

图 10-11

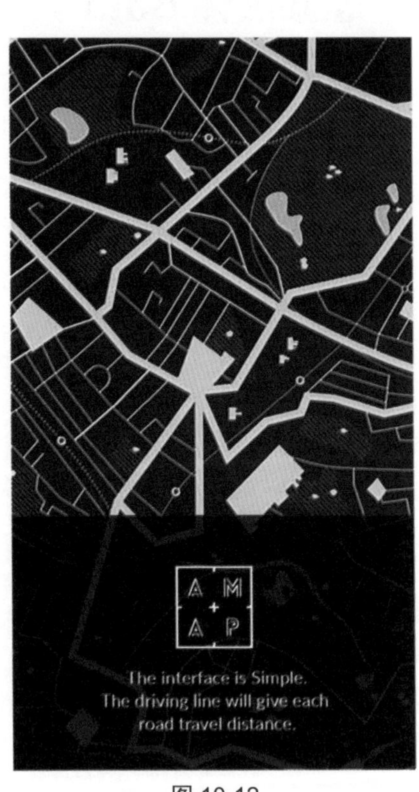

图 10-12

（2）首页。

App 首页设计一般有以下几种方案：

第一种，入口导流型。这种方案简单明了、直截了当，功能很清晰，引导用户操作。首页页面相对比较短，主要提供活动 banner、主要频道、品类、搜索等入口，同时告诉用户主要的一些产品和功能，这一类设计主要起到分流的作用，如图 10-13 所示。

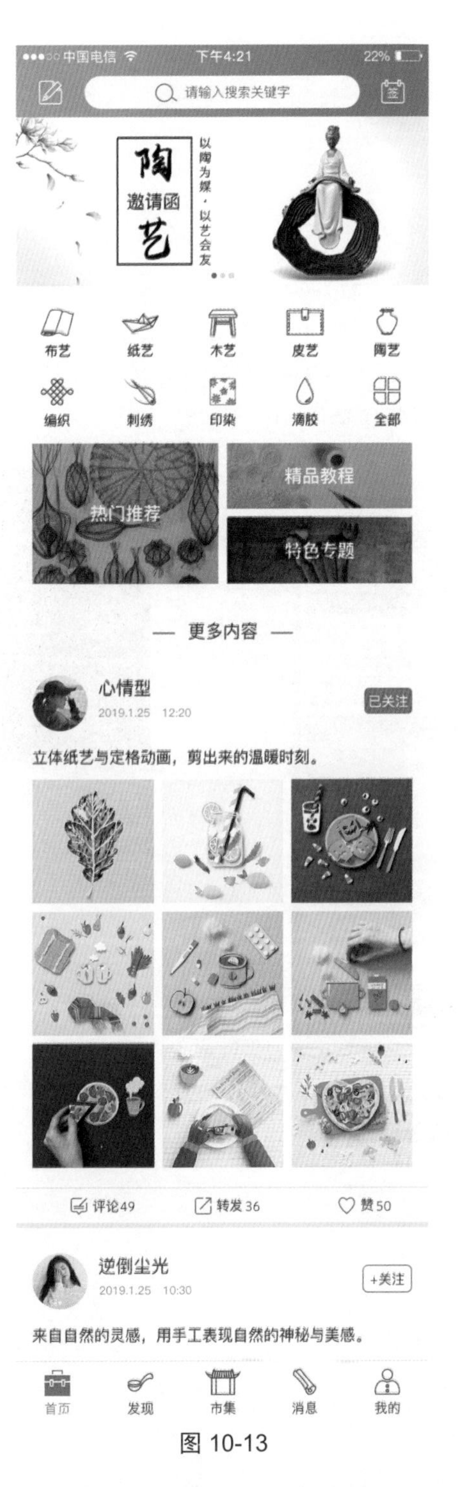

图 10-13

第二种，瀑布流型。这种方案可以使用户在首页尽可能地完成自己想要的交互和消费场景，减少层级的跳转。把移动端首页打造成用户消费内容最主要的场景，在首页可以无限加载内容，如唯品会 App、聚美优品 App、礼物说 App、微博 App、国内外出境游的旅游 App 等，如图 10-14 所示。

第三种，地图导航型。这种方案可以在首页与用户进行密切的交互场景，移动体验较好，依据地图来做一些 LBS 功能的 App。这一类的 App 首页设计基本都是以地图为主要功能特点。

（3）登录页。

App 软件登录页面一直是应用中必不可少的一环，用户打开应用可能第一步就是登录页面，这相当于一款应用的脸面，也是用户使用产品的源头。作为一项基础功能，使用场景一般是用户初次使用应用或者退出登录。设计时使用大标题和必要的线框和提示语，也可以在页面中加入 LOGO，进一步强化用户对产品品牌的记忆，去除多余的干扰元素，节省用户的时间，如图 10-15 所示。

图 10-14

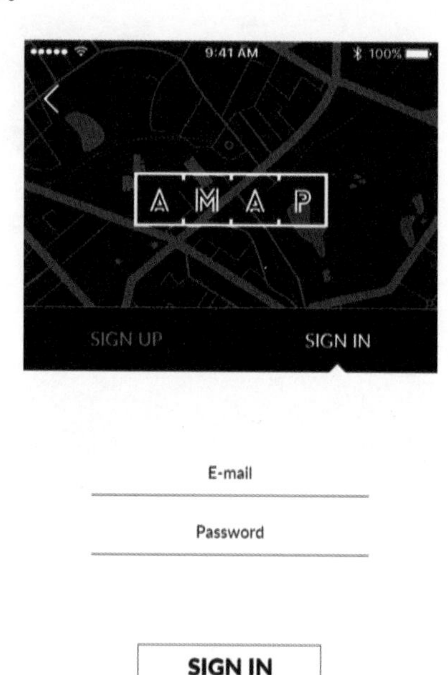

图 10-15

10.5 项目任务作业

- 作业主题：App 界面设计
- 完成时间：160 分钟
- 设计要求：

（1）App 设计尺寸按照产品设备实际参数进行设置。

（2）选择自己感兴趣的主题，对同类产品进行设计调研，对设计产品进行定位分析。

（3）绘制线框图、草图、原型图和效果图。

（4）具体软件选择不限。

本作业的主要考查知识点：

- 设计调研的能力；
- App 产品线框图、草图、原型图绘制能力；
- App 元素设计能力；
- App 项目界面效果设计能力。

➢ 学生作业样例（图 10-16 ～图 10-19）：

图 10-16　冯雪京作品

众测市场
直通车
我的账户
消息
百合婚恋-功能测试
安居客-功能测试
百度翻译-漫游测试
马上去融资
618国货月
Allan Yang
每日签到
我的账户
更多
众测任务
专车任务
我的机型
身份认证
联系我们
设置
754.86
交易单
提现
银行卡
修改密码
账户明细
经验值明细
系统消息
论坛消息
任务消息
好友消息
%100 psd
方案一
亮橙色的界面配色和整体的科技风格也比较搭调，
而且比较具有时代风格。深色的选卡项；橙色的界面框；
如图所示纯色清晰的ICONS 这些都能将"精灵云测"界面的焕然一新。
方案二
深蓝色的界面保有了十足的科技感，
外加色系显亮的Icon作为按键，使整个界面更为清晰。
按照界面区域使用热度划分调查，搭配人性化的框架布局，增加了可操作性。
3542.86
精灵云测
APP CONCEPT DESIGN

图 10-17　袁洋作品

AMAP
THE INTERFACE IS SIMPLE.
THE DRIVING LINE WILL
GIVE EACH ROAD TRAVEL DISTANCE.
The interface is Simple.
The driving line will give each
road travel distance.
因科技与技术的高速发展，手机的硬件性能不断飞跃，GPS功能在几乎所有智能手机中得到了实现。近几年，移动位置服务在人们的衣食住行中扮演着越来越重要的角色，不仅是因为用户在日常出行中养成了使用导航的习惯，而且各类APP都逐渐完善LBS功能，因此基于手机的移动位置服务越来越受到市场的青睐。
AMAP
×
AMAP
BACK
SEARCH
SHARE
FAVORITE
扁平化的设计风格也是此次毕业设计的重要元素，在手机移动端上使用扁平化的设计风格，减少花哨的修饰元素，更能将用户的注意力带回到UI界面本身，使重要的信息能够在UI界面中表现得更为突出，降低用户对APP的学习成本，减少用户对APP的使用难度。

图 10-18　范志毅作品

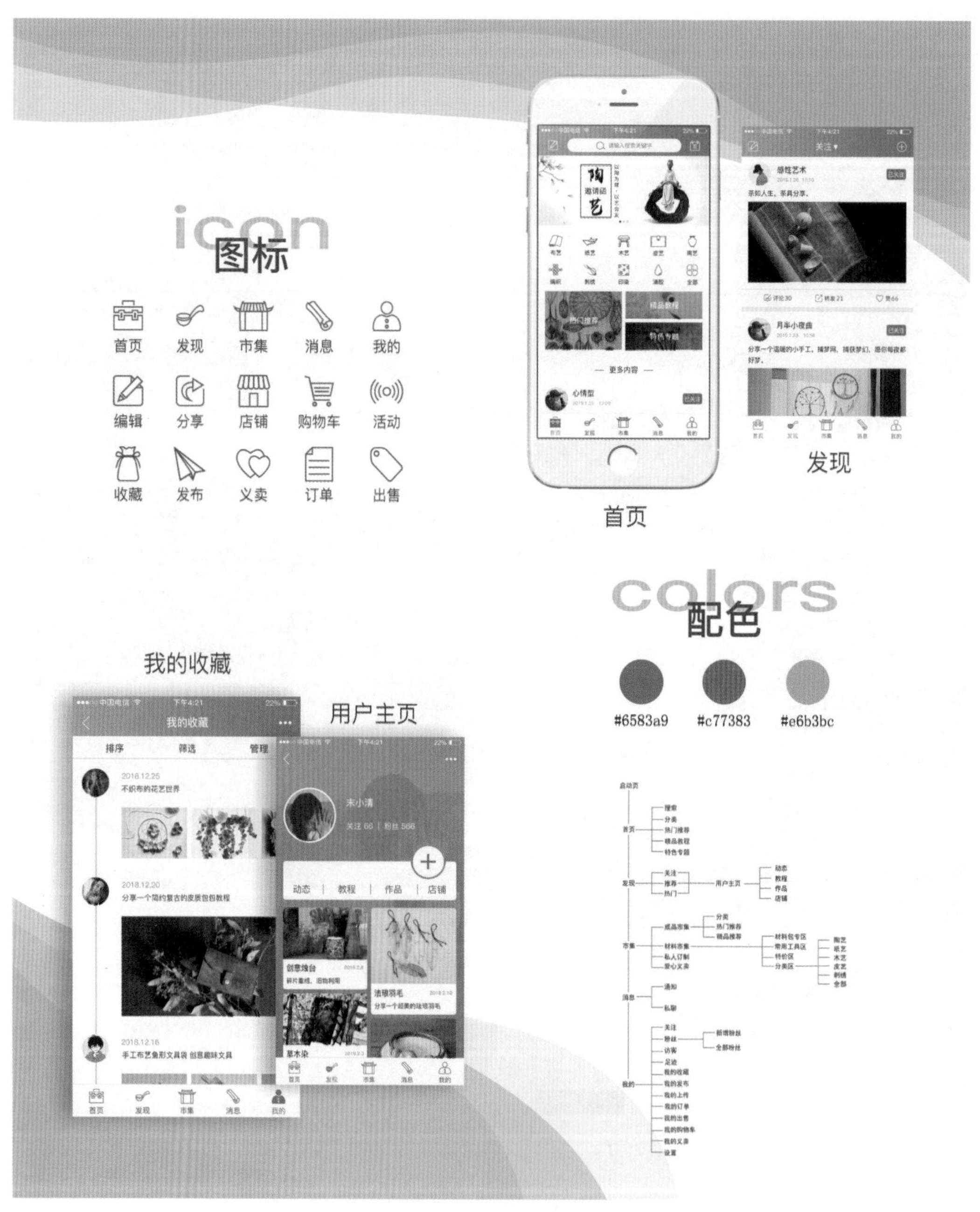
icon
图标
首页
发现
市集
消息
我的
编辑
分享
店铺
购物车
活动
收藏
发布
义卖
订单
出售
首页
发现
colors
配色
#6583a9
#c77383
#e6b3bc
我的收藏
用户主页

图 10-19　郑淼作品